新一代信息科学与技术丛书

FPGA 硬件安全分析方法引论

Introduction to FPGA Hardware Security Analysis Methods

王 坚 白智元 杨 鍊 编著

高等教育出版社·北京

内容提要

本书从 FPGA 的硬件脆弱性出发，全面系统地介绍了 FPGA 硬件安全领域的相关知识，内容涵盖了 FPGA 硬件安全基础、FPGA 硬件木马检测技术以及 FPGA 逻辑漏洞挖掘策略。全书共分为 7 章，分别为 FPGA 硬件基础知识、FPGA 硬件脆弱性概述、FPGA 代码层硬件木马检测技术、FPGA 网表层硬件木马检测技术、FPGA 电路层硬件木马检测技术、FPGA 逻辑漏洞挖掘方法以及 FPGA 逻辑漏洞攻击路径生成。每章末均提供了相关的参考文献，有兴趣的读者可进一步深入了解背景知识。

本书可作为普通高等院校电子科学与技术、信息与通信工程、计算机科学与技术、集成电路等专业高年级本科生和研究生的教学参考书，也可供从事 FPGA 设计开发和硬件安全分析的研究人员和专业技术人员参考使用。

图书在版编目（CIP）数据

FPGA 硬件安全分析方法引论／王坚，白智元，杨铼编著． -- 北京：高等教育出版社，2022.10
ISBN 978-7-04-058071-6

Ⅰ．①F⋯ Ⅱ．①王⋯ ②白⋯ ③杨⋯ Ⅲ．①可编程序逻辑器件-系统安全分析 Ⅳ．①TP332.1

中国版本图书馆 CIP 数据核字（2022）第 019410 号

FPGA Yingjian Anquan Fenxi Fangfa Yinlun

| 策划编辑 | 刘 英 | 责任编辑 | 刘 英 | 封面设计 | 张 楠 | 责任绘图 | 黄云燕 |
| 版式设计 | 王艳红 | 责任校对 | 刁丽丽 | 责任印制 | 耿 轩 | | |

出版发行	高等教育出版社	网　　址	http://www.hep.edu.cn
社　　址	北京市西城区德外大街 4 号		http://www.hep.com.cn
邮政编码	100120	网上订购	http://www.hepmall.com.cn
印　　刷	北京宏伟双华印刷有限公司		http://www.hepmall.com
开　　本	787mm×1092mm　1/16		http://www.hepmall.cn
印　　张	14.25		
字　　数	270 千字	版　　次	2022 年 10 月第 1 版
购书热线	010-58581118	印　　次	2022 年 10 月第 1 次印刷
咨询电话	400-810-0598	定　　价	79.00 元

序　言

　　硬件安全是网络空间安全的重要分支。过去一段时间,人们更多关注软件和数据的安全,提出和实践了很多脆弱性分析方法和加固技术,应用效果显著,但对硬件系统安全考虑得相对较少。然而,"安全是相对的,不安全是绝对的",近年来,网络空间降维打击成为主流攻击手段,硬件层面的安全事件层出不穷,这对我国网络空间基础设施的安全性带来了巨大挑战。特别是,硬件安全问题往往修复周期长,驻留隐蔽,影响持续,危害更大。因此,对从事硬件安全领域研究的人员而言,必须深刻认识硬件脆弱性的根源,全面掌握硬件脆弱性的分析方法。本书正是在这种背景下写成,针对硬件系统中应用极为广泛的 FPGA 芯片,系统阐述了其硬件安全分析的相关知识。

　　全书分为 7 章。第 1、2 章是 FPGA 硬件安全基础,主要介绍 FPGA 硬件基础知识及 FPGA 硬件脆弱性概述;第 3—5 章围绕 FPGA 硬件木马检测展开,分别从代码层、网表层和电路层介绍了 FPGA 硬件木马检测的原理及相关技术;第 6、7 章主要介绍 FPGA 逻辑漏洞的挖掘方法以及攻击路径的生成策略。在每章末尾均提供了丰富的参考文献,可为读者进一步了解相关内容提供帮助。本书既适用于硬件安全领域的初学者,也可供科研院所、高等学校从事硬件安全研究的技术人员和师生参考使用。

　　本书由电子科技大学王坚教授带领团队完成,是国内该领域第一本全面介绍 FPGA 硬件安全分析技术的著作。王坚教授是电子科技大学赛博空间硬件设计与安全团队负责人,他带领团队长期从事硬件安全相关研究,在该方向有深入的见解。为了打造一本经典的教学用书,他和团队多名教师、学生一起,花费了近 3 年时间,对相关知识点进行了梳理与研究,并组织人员进行审稿和反复校对。希望该书的出版,能够对硬件安全领域的发展起到引领作用。

　　"居安之日更思危,一份殷勤念在兹。期盼耕耘成化境,甘为经笥解心痴。"前面的高山如此巍峨壮丽,让我们一起去攀登吧!

郭世泽

2021 年 8 月于北京

目 录

第 1 章　FPGA 硬件基础知识

　　FPGA(Field Programmable Gate Array)是一种半定制的专用集成电路,与全定制的 ASIC(Application Specific Integrated Circuit)相比,FPGA 具有可编程性及高灵活性等优势[1-4],广泛应用在工业控制[5-7]、医疗电子[8-10]、5G 通信[11-13]、物联网[14-16]和航空航天[17-19]等领域。虽然不同厂商的 FPGA 芯片在性能指标、工艺参数和晶体管的数量方面不尽相同,但其所采用的体系结构、开发流程、文件类型等具有一定的共性。目前,Xilinx 和 Intel 是全球最大的两家 FPGA 厂商,占据了 87% 以上的市场份额[20]。本章将以 Xilinx 和 Intel 产品为例,对 FPGA 基础知识进行详细介绍。

1.1　FPGA 系统架构

　　图 1-1 为典型的 Xilinx FPGA 系统架构示意图。可以看到,FPGA 内部结构的本质是逻辑单元的重复排布,这些单元所组成的阵列称为逻辑单元阵列(Logic Cell Array,LCA)。逻辑单元根据功能的不同可以划分为 3 种类型[21-23]:逻辑区、输入/输出区和互连区。类型相同但位置不同的逻辑单元,其内部的硬件结构基本相同。下面分别介绍这 3 种逻辑单元的内部硬件结构。

　　1. 逻辑区

　　逻辑区是 FPGA 中数量最多的一种区。每个逻辑区包含多个逻辑块(Logic Block,LB),不同 FPGA 生产厂商对逻辑块的命名不同,例如 Xilinx 公司将逻辑块称为 Slice。每个逻辑块中包含查找表(Look Up Table,LUT)、触发器(Flip Flop,FF)和复用器(Multiplexer,MUX)等逻辑元件[24]。其中,LUT 是逻辑块中最重要的一种逻辑元件,其实质就是随机存取存储器(Random Access Memory,RAM)[25];RAM 存储单元的地址对应逻辑函数的输入赋值,存储单元内部所存储的数值为在该逻辑函数赋值下的真值。因此,LUT 可以构建不同的逻辑函数

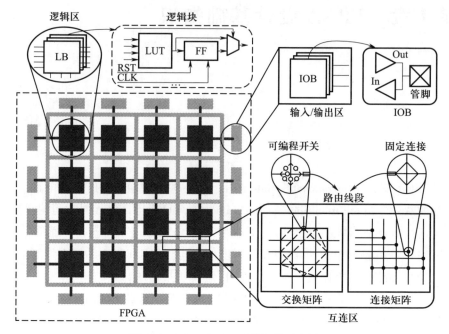

图 1-1　Xilinx FPGA 系统架构示意图

真值表,以实现对应的组合逻辑电路功能[26]。

2. 输入/输出区

输入/输出区规则地分布在 FPGA 的四周,其功能是建立 FPGA 与外部电路的连接[27]。与逻辑区相似,每个输入/输出区包含多个 IOB (Input/Output Block)。每个 IOB 中包含多个可配置元件以及一个不可配置的管脚,其中可配置元件为反相器、缓冲器及上拉电阻等。IOB 可以被配置为输入或者输出模式。以 Xilinx Spartan-6 的 IOB 为例,输入路径(外部信号从管脚输入 FPGA)往往需要反相器,而输出路径(内部信号从 FPGA 内部管脚输出到外部系统)没有反相器。因此通过配置 IOB 中的反相器在一定程度上就可以决定 IOB 为输入还是输出模式。

3. 互连区

互连区是 FPGA 内部信号通信的基础,它的功能是在 LB 与 IOB 之间传输信号[28],其内部包含了两种路由矩阵,一种是可配置的交换矩阵,另一种是不可配置的连接矩阵。FPGA 内部的信号线绝大部分为垂直或者水平方向。交换矩阵中包含大量的可编程开关(Programmable Switch,PS),通过配置 PS 为闭合或断开状态,可为 FPGA 内部的信号传输提供灵活的连接。进一步来说,FPGA 内部的可编程开关可细分为交点开关、断点开关以及复用器开关。交点开关连接的是 FPGA 内部一条垂直方向线和一条水平方向线;断点开关连接的则是 FPGA 内部两条相同方向的线;复用器开关是 FPGA 内部最常见的开关,这些开关成组出现,将多根输入线汇接到同一根输出线,同一时刻开关组中最多只能有一个开关被打开,起到了类似于复用器的效果。

综上所述,FPGA 中的逻辑区、输入/输出区和互连区都是可编程的,设计人员可以通过代码来修改其中的配置,进而改变 FPGA 内部的电路结构,实现不同的逻辑功能。

1.2 FPGA 开发流程

FPGA 的开发流程如图 1-2 所示。从图 1-2(a)可以看出,FPGA 的开发过程可分为制造前的 IC 设计和制造后的定制开发两个阶段。制造前的开发环节主要为大规模数字集成电路的设计与验证,如确定底层器件以及定义逻辑功能。制造环节包括晶圆制造和封装测试。制造后的环节即为定制逻辑的开发环节,即通过硬件描述语言控制器件连接关系,形成具体逻辑功能。本书讨论的主要是 FPGA 定制开发时引入的硬件安全问题,因此将重点介绍 FPGA 的定制开发相关环节。

FPGA 的定制开发流程如图 1-2(b)所示。可以看到,FPGA 的定制开发流程主要分为 4 个阶段,即设计输入、综合、设计实现和比特流生成[29]。不同复杂程度的 FPGA 设计,其开发过程是一致的,但设计复杂度会影响 FPGA 开发所需的时间[30]。同时,在设计的不同阶段,有相应的验证步骤确保功能的正确性。

设计输入的目的是定义所需的电路,可以划分为两个阶段。第一阶段,设计者需要定义 FPGA 的功能和结构,例如提出 FPGA 设计的规格要求、基本结构以及功能时序图等。一般情况下,设计人员要用层次化的结构将设计分为多个小的模块,从而便于管理。与此同时,还需要选择合适的 FPGA 来实现设计,这需要考虑目标 FPGA 的封装、大小及价格等。第二阶段,设计人员会根据定义好的功能和结构进行相应的设计描述。描述有两种形式:一种是基于原理图的 FPGA 设计描述,这种形式容易读懂,但是对于大型项目而言效率太低;另一种是基于硬件描述语言 HDL(Hardware Description Language)的 FPGA 设计。当硬件描述语言代码可以综合时,也被称为 RTL(Register Transfer Level)代码。一般来说,商用 FPGA 开发工具如 Intel Quartus II 和 Xilinx ISE/Vivado 都可以实现这

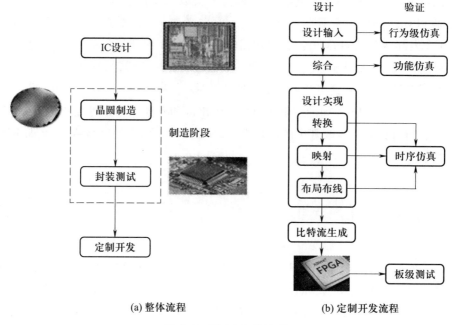

(a) 整体流程　　　　　　　　　　(b) 定制开发流程

图 1-2　FPGA 开发流程

两种描述形式的相互转换。这一阶段输出的原理图设计或 HDL 代码(一般是 Verilog 和 VHDL)将送入综合工具中进行综合。

　　综合的目的是将输入的设计源文件转换成综合后网表。综合后网表描述了设计逻辑上(而不是物理上)对应的 FPGA 元件和这些元件之间的连接关系。综合分为三步,即设计检查和资源关联、设计优化以及工艺映射。在第一步设计检查和资源关联中,综合工具首先对输入的 RTL 代码进行语法检查,然后根据综合工具的设置情况将设计关联到对应的逻辑单元上;第二步设计优化将删除设计中的冗余逻辑从而使得设计占用的面积更小;第三步工艺映射则是将设计与逻辑相连接,并且预测此设计的时序信息,然后生成相应的报告和综合后网表。

　　设计实现的作用是确定设计的物理版图,即生成设计布局布线后的网表。设计实现通过转换、映射和布局布线这三步将综合后网表转换成布局布线后网表。首先,在转换这一步中,FPGA 开发工具读入综合后网表以及相应的约束文件,经过处理后生成一个新的满足约束条件的网表文件。然后,将此网表中包含的电路切分成小的模块映射到相应的 FPGA 底层资源上。最后,对这些 FPGA 资源进行布局布线,从而得到一个完整的设计网表。例如,Xilinx FPGA 开发完成此步后将生成一个扩展名为.ncd 的网表文件,使用 FPGA Editor 软件可以查看这个网表文件。

比特流生成操作的作用是将布局布线后的网表转换成 FPGA 可以理解的二进制比特流文件,该文件中包含了 FPGA 中各个器件的配置信息。根据这些信息,FPGA 可以在资源数量允许的前提下实现任意数字电路功能。从商业保护和设计保护的角度考虑,几乎所有的 FPGA 厂商都选择不公开比特流格式[31],一般用户所看到的都是加密后的比特流文件,因而很难直接通过比特流文件推导出 FPGA 实现的功能。

此外,如图 1-3 所示,在 FPGA 的开发过程中,设计人员需要在各个阶段进行相应的仿真验证,以确保设计与指标要求没有发生偏离,从而得到正确的功能。仿真验证的主要思路就是通过向待测文件中添加激励向量模仿实际的数据输入,然后观察设计的输出是否符合预期[32]。在 FPGA 开发的多个阶段都可以进行仿真验证,在不同的阶段仿真的目的和效果也不尽相同。最常见的仿真是在设计输入阶段对 RTL 代码进行行为级仿真,从而检测代码中的逻辑是否错误。在完成综合之后,设计人员可以对综合后的网表进行功能仿真,从而确定仿真输出结果的功能正确性。而在设计实现步骤之后,设计人员可以对得到的布局布线后网表进行时序仿真来验证其正确性,时序仿真的结果相对于前两种仿真更接近芯片的真实输出结果[33]。

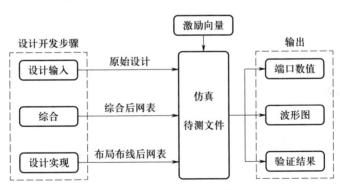

图 1-3 仿真验证示意图

最后一步是 FPGA 板级测试,其目的是将在设计处理阶段生成的比特流文件写入 FPGA 中,确定 FPGA 是否实现了特定的电路功能。针对不同厂商的 FP-GA 比特流文件格式也不同,例如 Intel 的 FPGA 比特流文件为.pof 和.sof 格式,Xilinx 的 FPGA 比特流文件为.bit 格式。

1.3　本章小结

本章重点介绍了 FPGA 的体系结构与开发流程。在 FPGA 的系统架构中分别介绍了逻辑区、输入/输出区、互连区的作用以及组成部分。其中逻辑区由更小的逻辑块组成,逻辑块内部包含查找表、触发器及复用器等基本单元。

FPGA 的设计流程主要包括制造前的芯片设计阶段、生产制造阶段以及制造后的开发阶段。由于本书内容主要针对制造后的开发阶段,因此本章重点介绍了开发阶段的流程。开发阶段的流程包括设计输入、综合、设计实现和比特流生成等步骤。设计输入的目的是制定设计规格并选用合适的方式描述整个电路设计,综合与设计实现的目的是将上一步的设计代码转化成网表文件,最终在比特流生成阶段转换为 FPGA 能"读懂"的配置文件。板级测试的目的则是在加载比特流文件后,确定 FPGA 的设计功能是否正确。

参考文献

［1］　杨海钢,孙佳斌,王慰. FPGA 器件设计技术发展综述［J］. 电子与信息学报,2010,32
(3):714-727.

［2］　Quraishi M H,Tavakoli E B,Ren F. A survey of system architectures and techniques for FP-
GA virtualization［J］. IEEE Transactions on Parallel and Distributed Systems,2021,32(9):
2216-2230.

［3］　陈木. 浅谈 FPGA 技术的优势及其应用［J］. 电子世界,2015,13:199-200.

［4］　Joost R,Salomon R. Advantages of FPGA-based multiprocessor systems in industrial applica-
tions［C］. Conference of the IEEE Industrial Electronics Society,Raleigh,2005,8903356.

［5］　Tian M,Tang X,Zhang Y. Implementation and design of open control system for industrial ro-
bot based on double-CPU［C］. IEEE 2nd International Conference on Computing Control and
Industrial Engineering,Wuhan,2011:298-301.

［6］　Monmasson E,Cirstea M N. FPGA design methodology for industrial control systems——A re-
view［J］. IEEE Transactions on Industrial Electronics,2007,54(4):1824-1842.

［7］　Papazian P,Băbăiţă M. FPGA implementation of a HART-Ethernet smart industrial interface
［C］. 38th International Conference on Telecommunications and Signal Processing (TSP),
Prague,2015:15521546.

[8] Dong W, Feng C, Shi Y, et al. High resolution electronics for a position sensitive MCP delay-line detector[C]. IEEE Nuclear Science Symposium and Medical Imaging Conference (NSS/MIC), Manchester, 2019: 19513329.

[9] Chen Y, Wang T, Wang X, et al. Implementation of an embedded dual-core processor for portable medical electronics applications[C]. IEEE 10th International Conference on ASIC, Shenzhen, 2013: 14283912.

[10] Hill B, Smith J, Srinivasa G, et al. Precision medicine and FPGA technology: Challenges and opportunities[C]. IEEE 60th International Midwest Symposium on Circuits and Systems, Boston, 2017: 655-658.

[11] Wu A, Xi J, Du X L, et al. A flexible FPGA-to-FPGA communication system[C]. IEEE International Conference on Advanced Communication Technology, Pyeongchang, 2016: 586-591.

[12] Huang H, Xia J, Boumaiza S, et al. Parallel-processing-based digital predistortion architecture and FPGA implementation for wide-band 5G transmitters[C]. IEEE MTT-S International Microwave Conference on Hardware and Systems for 5G and Beyond (IMC-5G), Atlanta, 2019: 19873312.

[13] Tanio M, Hori S, Tawa N, et al. An FPGA-based 1-bit digital transmitter with 800-MHz bandwidth for 5G millimeter-wave active antenna systems[C]. IEEE MTT-S International Microwave Symposium (IMS), Philadelphia, 2018: 499-502.

[14] Wang S, Hou Y, Gao F, et al. A novel IoT access architecture for vehicle monitoring system [C]. IEEE 3rd World Forum on Internet of Things (WF-IoT), Reston, 2016: 639-642.

[15] Fujii N, Koike N. IoT remote group experiments in the Cyber laboratory: A FPGA-based remote laboratory in the hybrid cloud[C]. International Conference on Cyberworlds (CW), Chester, 2017: 162-165.

[16] Huang S Z, Chen R Q. FPGA-based IoT sensor HUB[C]. International Conference on Sensor Networks and Signal Processing (SNSP), Xi'an, 2018: 139-144.

[17] Lattuada M, Ferrandi F, Perrotin M. Computer assisted design and integration of FPGA accelerators in aerospace systems[C]. IEEE Aerospace Conference, Big Sky, 2016: 2-6.

[18] Sterpone L, Violante M. A new partial reconfiguration-based fault-injection system to evaluate SEU effects in SRAM-based FPGAs[J]. IEEE Transactions on Nuclear Science, 2007, 54(4): 965-970.

[19] Sendil M M, Pradeep K B, Ananda C M, et al. Design approach for FPGA based High Bandwidth Fibre Channel Analyser for Aerospace Application[C]. 4th International Conference on Electrical, Electronics, Communication, Computer Technologies and Optimization Techniques (ICEECCOT), Mysuru, 2019: 223-227.

[20] FPGA 设计论坛. 全球主要 FPGA 厂商有哪些与占有率[EB/OL]. [2020-10-25].

[21] Zhang T, Wang J, Guo S, et al. A comprehensive FPGA reverse engineering tool-chain：From bitstream to RTL code[J]. IEEE Access,2019,7:38379−38389.

[22] Yershov R D. A scalable VHDL-implementation technique of the priority encoder structure into FPGA[C]. IEEE 38th International Conference on Electronics and Nanotechnology (ELNANO),Kyiv,2018:727−732.

[23] 徐文波,田耕. Xilinx FPGA 开发实用教程[M]. 2 版. 北京:清华大学出版社,2012:6−14.

[24] Sudhanya P, Joy S P, Rani V, et al. Design of logic blocks for efficient architecture of FPGA [C]. IEEE 1st International Conference on Energy, Systems and Information Processing (ICESIP),Delhi,2019:19228426.

[25] Ebrahimi M, Sadeghi R, Navabi Z. LUT input reordering to reduce aging impact on FPGA LUTs[J]. IEEE Transactions on Computers,2020,69(10):1500−1506.

[26] 天野英晴. FPGA 原理和结构[M]. 赵谦,译. 北京:人民邮电出版社,2019:67−70.

[27] Zhang N, Wang X, Tang H. Low-voltage and high-speed FPGA I/O cell design in 90nm CMOS[C]. IEEE 8th International Conference on ASIC,Changsha,2009:533−536.

[28] Pang Y, Xu J, Zhang Y. Research on circuit-level design of high performance and low power FPGA interconnect circuits in 28nm process[C]. 14th IEEE International Conference on Solid-State and Integrated Circuit Technology (ICSICT),Qingdao,2018:18307882.

[29] Kumar A, Hansson A, Huisken J, et al. An FPGA design flow for reconfigurable network-based multi-processor systems on chip[C]. 2007 Design, Automation & Test in Europe Conference & Exhibition,Nice,2007:1−6.

[30] Lukovic S, Fiorin L. An automated design flow for NoC-based MPSoCs on FPGA[C]. 2008 The 19th IEEE/IFIP International Symposium on Rapid System Prototyping,Monterey,2008:58−64.

[31] Krasteva Y E, Delatorre E, Riesgo T, et al. Virtex II FPGA bitstream manipulation：Application to reconfiguration control systems[C]. 2006 International Conference on Field Programmable Logic and Applications,Madrid,2006:1−4.

[32] Huang C R, Yin Y, Hsu C, et al. SoC HW/SW verification and validation[C]. Proceedings of the 16th Asia and South Pacific Design Automation Conference, Yokohama, 2011:297−300.

[33] Velusamy S, Huang W, Lach J, et al. Monitoring temperature in FPGA based SoCs[C]. 2005 International Conference on Computer Design,San Jose,2005:634−637.

第 2 章　FPGA 硬件脆弱性概述

　　由于 FPGA 具有较高的灵活性,其应用范围不断扩大,目前已经成为公认的、高效的硬件平台。然而,正是由于 FPGA 具有较高的灵活性,其相比全定制的专用集成电路更易受到攻击,设计被篡改的风险也大幅增加。为了有效防御各类恶意的 FPGA 硬件攻击,需要先明确 FPGA 硬件脆弱性的根源。本章以 FP-GA 硬件木马和 FPGA 逻辑漏洞这两个脆弱性源为主展开讨论,并介绍其他常见的脆弱性源。

2.1　FPGA 硬件木马

　　硬件木马是一类攻击者对原有硬件设计的恶意篡改。攻击者利用这些篡改,达到破坏硬件、窃取信息等目的[1-3]。图 2-1 给出了 FPGA 生命周期硬件木

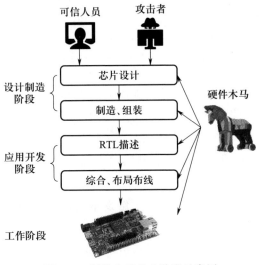

图 2-1　硬件木马植入阶段示意图

马植入阶段示意图。首先,在 FPGA 芯片的设计制造阶段,芯片设计过程和制造、组装环节均有被植入木马的可能[4,5]。其次,在 FPGA 的应用开发阶段,攻击者可以在多个环节实现硬件木马的植入,例如篡改 RTL 描述源文件、综合及布局布线文件等方式[6,7]。在 FPGA 的应用过程中,攻击者可以通过修改比特流文件植入硬件木马[8,9]。本书内容面向市面上已有的 FPGA 商用芯片,主要讨论应用开发阶段植入的硬件木马。

2.1.1　硬件木马的结构

　　硬件木马是指可在特定场景下触发并实现相应恶意功能的电路。通常可以把硬件木马的结构划分为两个部分:触发逻辑(Trigger)和有效载荷(Payload)[10,11],如图 2-2 所示。大部分的硬件木马为了提高隐蔽性,在芯片正常工作时往往处于未激活状态,仅当特定的场景出现时才被激活,并执行攻击者赋予的恶意功能。这部分控制着木马激活/休眠状态转换的逻辑电路,称为硬件木马的触发逻辑。此外,也有少数硬件木马在被植入电路后一直处于激活状态,这类硬件木马往往不需要触发逻辑。

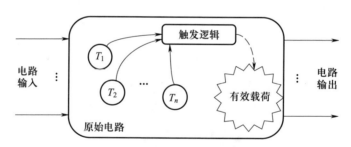

图 2-2　硬件木马结构示意图

　　两种典型的木马触发逻辑示意图如图 2-3 所示,分别为组合触发型逻辑和时序触发型逻辑[9]。组合触发型逻辑采集原始电路中的 q 个信号 $T_1, T_2, \cdots, T_q$,当这一组信号等于某一特定值时触发木马。注意,这一特定值在电路运行时极少出现,从而使木马很难在电路功能测试阶段被激励向量激活。时序触发型逻辑同样采集原始电路中的 q 个信号 $T_1, T_2, \cdots, T_q$,当这些信号的值满足一些特定值序列时触发木马。时序型木马增加了触发难度,因此更容易绕过随机向量测试,使其更难被检测。

　　硬件木马的有效载荷在木马被激活后实现对原始电路的指定攻击。一个硬件木马的有效载荷大多数都与原始电路有关,例如,将电路中某一关键信号清

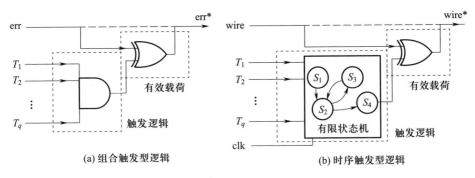

(a) 组合触发型逻辑　　　　　　　　　　(b) 时序触发型逻辑

图 2-3　典型的木马触发逻辑示意图

零,导致其工作错误。也有硬件木马的有效载荷与原始电路无关,例如,通过隐蔽信道泄露加密算法的密钥。

2.1.2　硬件木马的分类

硬件木马的分类遵从两个原则:① 覆盖性:分类方法需要对所有木马都实用,不会出现无法分类的情况;② 分辨性:分类方法可以区分具有显著不同功能或需要不同检测手段的硬件木马[12]。

在现有的硬件木马分类方法中,纽约大学 Rajendran 等人提出的方法得到了广泛认同[13]。该分类方法主要根据硬件木马的 4 个属性进行分类,对 FPGA 芯片同样适用。这 4 个分类属性分别是:① 设计周期中的植入阶段;② 硬件木马的创建方式;③ 硬件木马的激活机制;④ 硬件木马的恶意功能。FPGA 硬件木马分类属性如图 2-4 所示,本节将依据该分类方法分别对硬件木马的特点进行讨论。

1. 植入阶段

基于硬件木马在 FPGA 生命周期中的植入阶段,可以将硬件木马分为制造前植入、制造阶段植入与制造后植入等 3 类[14,15]。

(1) 制造前:该阶段规定了 FPGA 的功能、尺寸、功耗、延迟等信息,在此阶段植入硬件木马会导致 FPGA 电路的改变。例如篡改电路的延迟或切换频率。攻击者会在此阶段植入后门,用以在 FPGA 部署完成后获取芯片的控制权。这类木马属于 FPGA 器件木马。

(2) 制造阶段:在此阶段,通过掩模在晶圆上制造数字电路,攻击者可以通过不可信代工厂植入硬件木马。这些木马可以实现恶意功能,也可以改变电路

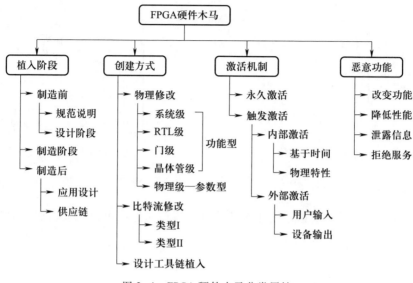

图 2-4   FPGA 硬件木马分类属性

参数。这类木马同样属于 FPGA 器件木马。

（3）制造后：在此阶段，源文件通过综合设计转化为比特流文件并加载到 FPGA 中来实现预期的功能。硬件木马可以通过 RTL/HDL 代码植入，或通过第三方 IP（软核、硬核或固核）植入。这类木马统称为 FPGA 设计木马。本书中所针对的硬件木马基本都属于 FPGA 设计木马。

2. 创建方式

根据木马的创建方式不同，可以将其分为 3 类[16,17]。

（1）物理修改：包括功能型木马和参数型木马。功能型木马包括增加或删除逻辑门或晶体管，在不影响 FPGA 主要功能的前提下修改 RTL 或布局信息。参数型木马通过修改器件的物理参数实现，包括减小线宽、改变沟道长度、改变掺杂水平、改变晶体管尺寸等。显然参数型木马是永久激活的，且主要目的是降低 FPGA 的稳定性。

（2）比特流修改：比特流木马通过修改 FPGA 比特流文件得到。一般情况下，攻击者利用逆向工程识别出 FPGA 中的逻辑功能，修改比特流文件将木马植入。如果木马电路不干扰原始电路，称为类型 I 比特流木马；如果木马对原始电路所在 FPGA 资源进行了篡改，则称为类型 II 比特流木马[18,19]。

（3）设计工具链植入：利用计算机辅助设计（Computer Aided Design，CAD）工具链将木马植入 FPGA 开发过程所产生的网表文件中，该类木马属于 FPGA

设计木马。这些木马可以植入综合后的网表文件,也可以植入映射和布局后的网表文件。由于在 FPGA 开发设计过程中,往往无法获得网表专有格式转换的说明资料,因此通过工具链植入的硬件木马很容易绕过检测。

3. 激活机制

根据 FPGA 硬件木马的激活机制不同,可将硬件木马分为两类[20]。

(1)永久激活:此类硬件木马在 FPGA 开始工作后就一直处于活动状态,可以在任何时候干扰 FPGA 正常工作。所有修改芯片物理特性的木马都为永久激活的木马,一些比特流修改木马和 CAD 工具链植入的木马也有可能是永久激活的木马。

(2)触发激活:触发型的硬件木马通常需要内部或外部事件来将其激活。目标 FPGA 内部发生的事件激活的是内部触发型木马,内部事件可以是基于时间的,例如计数器或状态机,在特定的状态下触发木马,形成“时间炸弹”;也可以是基于物理特性的,例如在芯片内部温度达到 55℃ 时触发木马。外部触发型木马需要芯片外部事件输入目标 FPGA 才能激活。外部触发方式可以是用户触发,也可以是外部设备输出触发。用户触发包括按键、开关、键盘或输入数据流中的关键字或短语;外部设备输出可以来自任何与 FPGA 交互的组件,例如通过外部接口(如 RS-232)传输的数据。

4. 恶意功能

根据硬件木马被赋予的恶意功能,可以分为 4 类[21]。

(1)改变功能:硬件木马可以改变电路实现的功能,使之执行恶意的、未经授权的操作,例如绕过加密算法、权限提升等。

(2)降低性能:硬件木马可以导致 FPGA 性能受损或失效,这可能会危害到集成了这些 FPGA 的硬件系统。这种效应可能由路径延迟的增加、减少以及故障注入等方式引起。

(3)泄露信息:硬件木马可以破坏加密算法的安全性,或直接泄露电路正在处理的信息。这些敏感信息的泄露主要通过输入输出端口、旁路(延迟、功耗)等。

(4)拒绝服务:硬件木马可以造成电路停止工作,关键电路停止工作可能导致硬件系统的崩溃。

2.2 FPGA 逻辑漏洞

在 FPGA 开发过程中,可能在不经意间引入各种各样的逻辑漏洞。有限状态机(Finite State Machine,FSM)作为电路控制支路的重要组成部分,其逻辑漏洞对 FPGA 安全威胁巨大。本节将介绍 FPGA 中有限状态机的相关知识,围绕 FSM 引入的逻辑漏洞介绍相关概念。

2.2.1 FPGA 中的 FSM

在数字电路中有多种 FSM,FSM 一般结构如图 2-5 所示。FSM 通常采用组合逻辑和反馈回路组合来实现记忆功能,它的结构通常包括输入、输出、存储器件、当前状态输入以及下一状态输出等部分[22]。

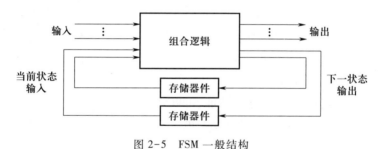

图 2-5 FSM 一般结构

一般来说,FSM 可分为两类,如图 2-6 所示。按照存储器的状态变化方式划分,可将 FSM 分为时钟同步状态机和异步状态机[23]。按照 FSM 输出信号的影响因素划分,可将 FSM 分为摩尔(Moore)型状态机和米利(Mealy)型状态机。

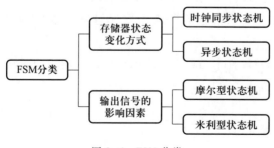

图 2-6 FSM 分类

时钟同步状态机是数字逻辑设计中最为常见的状态机,它通常使用有存储功能的元器件存储状态,如 D 触发器、T 触发器等,在时钟和输入信号的控制下完成状态转换。时钟同步状态机的特点是:所有触发器共用一个时钟,当时钟触发条件到来后,所有触发器的功能都会对应触发,从而使状态机的状态发生跳变[24]。若无说明,本书后续章节介绍逻辑漏洞挖掘时,所涉及的 FSM 均为同步 FSM。

作为一种描述系统运行过程的数学模型,FSM 通常包含 3 部分内容,即状态集、输入集以及状态转移集。其中,状态集包含了有限个变量,用来枚举所有的可能状态;输入集用来描述系统运行时的输入变量;状态转移集用于表示系统在运行过程中状态之间的转移过程,包括转移的当前状态、下一状态以及发生该状态转移所需要的状态转移条件。

根据 FSM 包含的内容,一般使用五元组的形式来表示一个完整的 FSM,即 $M = \{S, I, P, s_0, s_F\}$ [24]。其中,$S = \{s_0, s_1, \cdots, s_n\}$ 表示 FSM 运行的状态集,在某一时刻,FSM 只能有一个当前状态 $s_i \in S$;$I = \{i_0, i_1, \cdots, i_n\}$ 表示 FSM 运行的输入集,在某一时刻,FSM 只能接收某一确定的输入 $i_j \in I$;P 表示系统运行过程中的状态转移集,在某一时刻,FSM 当前状态为 $s_i \in S$,接收到的输入为 $i_j \in I$,根据 P 中规定的状态转移,得到 FSM 的下一状态为 $s_j = p(s_i, i_j) \in S$;$s_0 \in S$,表示 FSM 运行的初始态;$s_F \in S$ 表示 FSM 运行的最终态。

FSM 的描述方法有 3 种,即状态转移图 STG(State Transition Graph)、状态转移表和状态转移矩阵,如图 2-7 所示[25],这 3 种方法的特点各不相同。一般来说,通常选择使用 STG 和状态转移表这两种方式。STG 采用有向图的方式来描述 FSM,比较直观、清晰,FSM 的状态和状态转移情况一目了然。在有向图中,使用图的节点表示 FSM 的状态,使用图的有向边表示 FSM 的状态转移,并且在有向边上标注发生状态转移所需的转移条件。

状态转移表采用表格的形式来描述 FSM。在状态转移表中,表的最左列表示 FSM 的当前状态,表的上部表示 FSM 的当前输入值,表的数据部分表示在当前状态接收到当前输入值后 FSM 的下一状态。状态转移矩阵是一种数学描述方式,使用矩阵来表示 FSM。在状态转移矩阵中,矩阵的行表示 FSM 的当前状态,矩阵的列表示 FSM 的下一状态,矩阵行列交汇处的值表示从行状态转移到列状态的输入值。

在数字逻辑电路设计中,设计者可以在 HDL 代码中设计 FSM 模块,并遵循一些基本的 FSM 设计准则和设计步骤。FSM 设计一般包括 6 个基本步骤,即构造状态/输出表、状态化简与编码、建立转移/输出表、得到激励/输出方程、自启动检查及选择描述电路功能的方式(如 HDL 代码)。在 Verilog HDL 代码中,

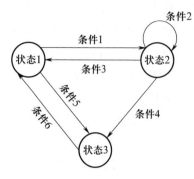

(a) 状态转移图示例

当前状态	当前输入值	
	0	1
Q_1	$Q_2^*,0$	$Q_3^*,0$
Q_2	$Q_1^*,0$	$Q_3^*,0$
Q_3	$Q_2^*,0$	$Q_1^*,1$
S^*,Z		

(b) 状态转移表示例

$$A = \begin{array}{ccc} Q_1 & Q_2 & Q_3 \end{array}$$

$$A = \begin{bmatrix} 3/4 & 1/2 & 1/4 \\ 1/8 & 1/4 & 1/2 \\ 1/8 & 1/4 & 1/4 \end{bmatrix} \begin{matrix} Q_1^* \\ Q_2^* \\ Q_3^* \end{matrix}$$

(c) 状态转移矩阵示例

图 2-7   FSM 的描述方法

FSM 的常见书写方式包括一段式方法、二段式方法和三段式方法。一段式方法中,一个 always 模块即包含 FSM 的所有部分。一般来说,由于在 HDL 代码书写规范中要求将时序逻辑和组合逻辑分开,所以这种描述方式很少使用。二段式方法中,使用两个 always 模块,一个描述 FSM 时序部分,另一个描述 FSM 组合逻辑。这种方式遵循了 HDL 代码的书写规范,使代码意义更清晰,易于理解。三段式方法中,将 FSM 分为同步状态转移、组合逻辑及同步输出 3 个部分进行描述,每个部分都使用 always 语句实现。由于将 FSM 进行了进一步划分,三段式状态机的代码可读性更强,并且被广泛使用。

需要说明的是,本书所挖掘的逻辑漏洞,主要针对的是 HDL 代码中的 FSM。此外,在逻辑漏洞挖掘过程中,将 HDL 代码中的关键寄存器视为 FSM 的存储元件,并对其进行逻辑漏洞分析。

2.2.2 FSM 中的逻辑漏洞

FPGA 设计中所使用的 FSM 主要包含当前状态、转移条件和下一状态这 3
个要素信息,其中转移条件和下一状态是安全隐患的来源。针对这两个易受攻
击的 FSM 要素信息,基本漏洞类型可以划分为两种,即转移条件的二义性和特
殊状态[26-29],如图 2-8 所示。

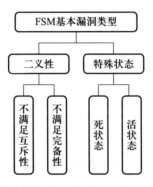

图 2-8　FSM 基本漏洞类型

FSM 的二义性是指 FSM 状态转移的不确定性,包含不满足互斥性和不满足
完备性两种情况,具体阐述如下。

设 FSM 的状态集合 $S = \{s_1, s_2, \cdots, s_n\}$,转移条件集合 $C = \{c_1, c_2, \cdots, c_m\}$。

(1)不满足互斥性:对于给定的当前状态,某个转移条件对应多个下一状
态。描述如下:$\forall s_i \in S, i = 1, 2, \cdots, n$,若存在转移条件 $c_j, c_j \in C, j = 1, 2, \cdots, m$,使
得 s_i 可以跳转到两个或两个以上的下一状态 $s_n \in S$,则称该 FSM 不满足互斥性。

(2)不满足完备性:对于给定的当前状态,其转移条件不能覆盖所有可能
性。描述如下:$\forall s_i \in S, i = 1, 2, \cdots, n$,$\sum\limits_{j=1}^{m} c_j \neq 1, c_j \in C, j = 1, 2, \cdots, m$,则称该 FSM
不满足完备性。

FSM 的特殊状态是指可达性具有明显特性的状态,包括死状态和活状态,
具体阐述如下。

(1)死状态:一个状态的下一状态不能是本状态以外的任何其他状态。描
述如下:若 $\exists s_i \in S, i = 1, 2, \cdots, n$,使得以 s_i 为当前状态时,$\forall c_j \in C, j = 1, 2, \cdots, m$,
下一状态总为 s_i,则状态 s_i 即为死状态。

(2)活状态:一个状态的下一状态不能是本状态。描述如下:若 $\exists s_i \in S, i =$

$1,2,\cdots,n$，使得以 s_i 为当前状态时，$\forall\, c_j \in C, j=1,2,\cdots,m$，都有下一状态不为 s_i，则状态 s_i 即为活状态。

可见当 FSM 中存在死状态时，运行过程中一旦进入死状态，则再也无法跳转到其他状态，即可能出现死机等现象。当 FSM 中存在活状态时，运行过程中活状态对应的电路状态转换必须在一个时钟周期内完成。因此，当电路的某一重要功能在该状态下实现时，会出现电路功能缺失的现象。

2.2.3 FSM 中的逻辑漏洞传播模型

本节将介绍一种 FSM 的漏洞传播模型。首先对 FSM 漏洞传播模型的存在性提出假设，然后论证 FSM 基本漏洞类型的传播特性，最后从 FSM 传播漏洞的可利用性角度分析，建立 FSM 漏洞传播模型。

在 HDL 代码对应的逻辑电路中，基于 FSM 基本漏洞类型，可以看出存在一种 FSM 漏洞传播模型。在该模型中，若存在一个有漏洞的 FSM，在逻辑电路运行过程中，可能导致其他原本不存在漏洞的 FSM 出现漏洞。该模型存在的可能性依据如下：

（1）在前述对 FSM 的定义中，寄存器是主要的存储器件，并且 HDL 代码中存在多个符合该定义的 FSM。

（2）在逻辑电路中，寄存器之间存在大量的数据传递关系。一个 FSM 的目标寄存器，在另一个 FSM 中可能是前级寄存器。

为了方便说明，下面对一个 FSM 漏洞的传播性进行定义。此外，对于传播过程中出现的漏洞，也进行定义。

定义 2.1 FSM 漏洞的传播性。若一个 FSM 存在漏洞，则其漏洞主要是存在于当前状态、转移条件和下一状态等 FSM 关键部分。此外，漏洞传播依靠各个寄存器的数值进行传递。给定 FSM_1 和 FSM_2 两个 FSM，若 FSM_1 的目标寄存器是 FSM_2 的前级寄存器，则 FSM_1 的数值决定了 FSM_2 的转移条件。因此，若一个 FSM 漏洞存在传播性，则该漏洞能影响其他 FSM 的转移条件。

定义 2.2 传播二义性。若一个 FSM 原本不存在基本类型的漏洞，经过漏洞传播后，因转移条件发生改变而具有二义性，则称该漏洞为传播二义性漏洞。

定义 2.3 传播特殊状态。若一个 FSM 原本不存在基本类型的漏洞，经过漏洞传播后，因转移条件发生改变而出现特殊状态漏洞，则称该漏洞为传播特殊状态漏洞。若该特殊状态为死状态，则称为传播死状态；若该特殊状态为活状态，则称为传播活状态。

根据 FSM 基本漏洞类型可知,FSM 中可能存在二义性和特殊状态等基本类型漏洞。然而,并不是所有的基本类型漏洞都具备可传播性。经过分析,只有 FSM 的特殊状态能够传播,而二义性无法传播。注意:二义性漏洞不能传播,不代表状态漏洞传播后不产生新的二义性漏洞。

(1)二义性的可传播性

当 FSM 不满足互斥性时,若触发该漏洞,由于存在多个下一状态,FSM 无法正常跳转,电路运行出错,不会进行漏洞传播。因此,互斥性不具备传播性。同样地,当 FSM 不满足完备性时,若触发该漏洞,由于不存在相应的状态转移,FSM 也无法正常跳转,电路运行出错,不会进行漏洞传播。

(2)特殊状态的可传播性

设存在漏洞的 FSM 为 FSM_1,其目标寄存器为 r,状态集合 $S_1 = \{s_{11}, s_{12}, \cdots, s_{1n}\}$。设受 FSM_1 影响的 FSM 为 FSM_2,其转移条件集合 $C = \{c_1, c_2, \cdots, c_m\}$,状态集合 $S_2 = \{s_{21}, s_{22}, \cdots, s_{2p}\}$。

当 FSM_1 存在死状态时,设该状态为 $s_{1i}, i = 1, 2, \cdots, n$。若触发该漏洞,虽然 FSM_1 一直处于 s_{1i},但电路并不一定会出错。此时,$\forall c_j \in C, j = 1, 2, \cdots, m$,若 c_j 不满足 $r = s_{1i}$,则转移条件 c_j 在后续的电路运行过程中都无法达到。

当 FSM_1 存在活状态时,根据前面的分析,对于时钟周期 t_1,FSM_1 在 t_1, t_1+1 中最多只能到达一次活状态。因此,设该状态为 $s_{1i}, i = 1, 2, \cdots, n$。$\forall c_j \in C, j = 1, 2, \cdots, m$,若 c_j 满足 $r = s_{1i}$,则转移条件 c_j 无法在 t_1+1 和 t_1+2 同时达到。

因此,当 FSM_1 存在特殊状态时,可使得 FSM_2 不满足完备性,即存在传播二义性。特别地,若在 FSM_1 中,$\exists s_{2k} \in S_2$,在删除所有转移条件 c_j 的状态转移后,当 s_{2k} 的下一状态有且只有 s_{2k} 时,存在传播死状态;当 s_{2k} 的下一状态不包括 s_{2k} 时,则存在传播活状态。

基于上述分析可知,在漏洞传播模型中,通过传播形成的漏洞可能为传播二义性和传播特殊状态。然而,只有传播特殊状态才可能被攻击者利用,而传播二义性无法被利用,具体分析如下。

(1)传播二义性的可利用性

传播二义性不可利用。证明步骤如下:

第一步:设 FSM 具有传播二义性为事件 A_1;因传播删除的转移条件集合为 $C = \{c_1, c_2, \cdots, c_n\}$,即 $\forall c_i \in C$,都有 c_i 不成立为事件 A_2;FSM 的传播二义性可利用为事件 A_3。

第二步:由传播二义性定义可知,A_2 是 A_1 的充要条件,故 $A_1 \Rightarrow A_2$。

第三步:若要利用传播二义性,需要满足两个条件,即 FSM 具有传播二义性并且该漏洞被触发。FSM 具有传播二义性，即事件 A_1 为真。漏洞被触发，即 $\exists c_i \in C$，转移条件 c_i 成立，事件 A_2 为假。因此，$A_3 \Rightarrow A_1 ! A_2$。

第四步：又由第二步知，A_1 和 $! A_2$ 不能同时成立，故事件 A_3 不成立，即传播二义性不可利用。

（2）传播特殊状态的可利用性

传播特殊状态是可利用的。证明步骤如下：

第一步：设 FSM 的特殊状态为 s，因传播删除的转移条件集合为 $C = \{c_1, c_2, \cdots, c_n\}$。设 FSM 具有传播特殊状态为事件 A_1。

第二步：若要利用传播特殊状态，则需要满足两个条件，即 FSM 具有传播特殊状态并且 FSM 运行过程中进入该状态。FSM 具有传播特殊状态，即事件 A_1 成立。对于第二个条件，当 FSM 不存在基本类型漏洞时，若 $\exists c \notin C$，使得 FSM 进入状态 s，则第二个条件成立。显然，这种情况是存在的，且不会与事件 A_1 矛盾。

第三步：根据第二步，传播特殊状态是可利用的。

综合上述分析过程，本节介绍了一种 FSM 漏洞传播模型。该模型基于 FSM 基本漏洞类型，通过寄存器的数据传递进行漏洞传播。其中，FSM 的特殊状态具备可传播性，而二义性不具备可传播性。FSM 可能产生传播二义性漏洞和传播特殊状态漏洞。其中，传播二义性漏洞不具备可利用性，而传播特殊状态漏洞是可利用的。

2.3　其他脆弱性源

FPGA 的脆弱性源除了本章所介绍的硬件木马以及逻辑漏洞，还包括旁路泄露、电路闩锁等脆弱性源，下面将对这些脆弱性源进行介绍。

2.3.1　旁路泄露

旁路泄露是指通过芯片的旁路信道泄露信息[30]。通过旁路泄露可以发掘 FPGA 硬件的弱点，绕过原有加密算法的防护措施，窃取 FPGA 中的加密信息，并对 FPGA 进行攻击。旁路泄露常用的旁路输出信号包括功耗、电磁辐射、光以及路径延迟等，常用的旁路输入信号包括电源电压、温度以及光，这些输入信号往往和密码模块不相关。旁路泄露攻击过程如图 2-9 所示。

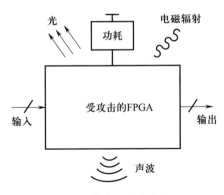

图 2-9　旁路泄露攻击过程

基于旁路泄露的攻击方法如下:观察旁路的输入与输出信号,通过特定的分析技术找到旁路泄露的信号与 FPGA 输入输出信号之间的关系,从而破译 FPGA 的加密系统。利用旁路泄露的输出信号发起的攻击称为被动旁路攻击,利用旁路泄露的输入信号发起的攻击称为主动旁路攻击。旁路泄露分析方法主要有功耗分析[30]、电磁分析[31]、光学分析[32]和时序及延迟分析[33]等,可以针对不同类别的旁路泄露分别进行分析。各旁路泄露分析方法的优缺点见表 2-1。

表 2-1　旁路泄露分析方法

信道分析方法	优点	缺点
功耗分析	① 无损伤分析 ② 便于采集	① 难以分析多个引脚 ② 需要关键模块的引脚位置信息 ③ 抗干扰能力差
电磁分析	① 适用范围广 ② 高频信号信噪比高	① 破坏芯片的封装 ② 低频信号易被干扰 ③ 分析效率低
光学分析	① 分辨率高 ② 可分析逻辑门的状态 ③ 可读取存储器的值	① 大规模电路分析难 ② 分析效率低
时序及延迟分析	① 无损伤分析 ② 分辨率高	① 应用场景单一 ② 对于同步系统,需要其他旁路分析的辅助

功耗旁路泄露的本质是逻辑电路的功耗分析。通常电路中的功耗可分为两类:一类是静态功耗,例如晶体管工作在截止状态时漏电流所产生的功耗;另一类是动态功耗,这部分功耗发生在逻辑发生翻转的时候,晶体管的工作状态从开

态到关态或者从关态到开态切换,结电容或者栅电容充放电所产生的功耗。通常这和逻辑电路的输入输出有关。通过观察例如加密过程中的功耗,可以分析出活跃的功能块以及它们关联的一些数据信息。如果输入保持稳定,则常用的 CMOS 逻辑没有动态功耗,如果输入使输出变化则会产生动态功耗,由此可以判断某些功能区的逻辑是否根据输入的变化而发生了相应的翻转。

电磁分析,通过近场感应和电容耦合的方式感应芯片近场区域的电场和磁场,从而分析芯片某一区域工作状况。但是对于大规模集成电路,要通过电磁辐射准确定位到信号源极具挑战,这往往需要慎重选择传感器的位置、方向、数量及分布,并且为了获得高信噪比的电磁辐射信号往往需要去除芯片外面的封装。

光学分析,利用场效应晶体管沟道内热载流子的复合会发射光子的现象,来探测场效应晶体管的工作状态。该方式具有很高的分辨率,往往可以单独分析某一逻辑门的状态。但是对于复杂的大规模电路,晶体管数量往往达到上亿个,采用光学分析往往效率较低。

时序及延迟分析,利用加密算法中信号所经过门的延迟时间和传输数据之间的相关性来分析集成电路内的数据。对于专用硬件而言,可以测量并利用某个特定逻辑块的延迟信息。显然这种方法只能针对有时序信息的芯片。另外对于同步系统,单个功能模块的延迟并不能从外部的主输出中得到,这是由于该延迟通常受到时钟驱动的存储单元的约束,此时还需要通过观察其他旁路信息,例如光信息来确定系统中单个模块的延迟。

2.3.2　电路闩锁

本小节将介绍 FPGA 中另一种硬件脆弱性源,即电路闩锁。下面将从两个方面对电路闩锁进行介绍,一是闩锁产生的物理机理,二是 FPGA 中会触发闩锁的情况。

闩锁效应是 CMOS(Complementary Metal Oxide Semiconductor)结构中极易发生的失效问题,其机理如图 2-10 所示[34]。CMOS 中的 NMOS 一般做在 P 型 Si 衬底上,PMOS 做在 N 阱中。当 Si 衬底上的 I_{SUB} 电流或 N 阱中的 I_{NW} 电流升高时,衬底的寄生电阻 R_{SUB} 或 N 阱中的寄生电阻 R_{NW} 上的电压逐渐升高,CMOS 结构中的寄生双极结型晶体管(Bipolar Junction Transistor, BJT)NPN 或 PNP 的发射-基(BE)结逐渐正向导通,寄生 BJT 开始工作,正反馈环路形成,I_{SUB} 和 I_{NW} 逐渐升高直至器件烧毁。

从闩锁效应的产生机理可以看出,只要使 CMOS 结构中的 I_{SUB} 电流或者 I_{NW}

电流增大,使阱和衬底的寄生电阻上的分压大于或接近寄生 BJT 的 BE 结导通电压,则器件就有烧毁的风险。因此能够使 I_{SUB} 和 I_{NW} 突然升高的情况都有触发闩锁效应的可能。

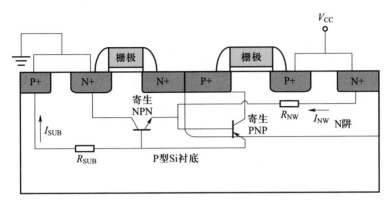

图 2-10　闩锁效应机理

目前的 FPGA 芯片主要基于 CMOS 工艺,因此也会面临闩锁导致的硬件安全问题。单粒子辐照会导致硅体内碰撞电离产生电子-空穴对,这些电子-空穴对在器件阱电位的作用下移动就会使 I_{SUB} 和 I_{NW} 电流突然增大,进而导致闩锁效应的发生。因此 FPGA 在单粒子辐照下导致的闩锁效应得到了广泛的研究[35-37]。目前单粒子辐照导致的闩锁效应可以通过辐照加固、电源控制等技术来规避。例如,可通过设计一种电源控制电路,监测单粒子辐照引发闩锁效应时的异常电流,进而在闩锁效应发生后迅速关闭 FPGA 的供电电源,保护芯片不被烧毁。

硬件木马也会触发闩锁效应[38],从而导致芯片出现不可逆的失效。这种硬件木马通过设计一个电路,使得在一定条件下导致 P 型 Si 衬底和器件源漏 N+区域组成的 PN 结正偏,从而使寄生 NPN 三极管导通触发闩锁效应,达到物理破坏芯片的目的。

2.4　本章小结

本章重点讨论了 FPGA 的硬件脆弱性,包含硬件木马、逻辑漏洞以及其他类型的硬件脆弱性源 3 个方面的内容。

FPGA 的第一个硬件脆弱性源是硬件木马。硬件木马是攻击者通过对电路恶意篡改,从而在特定场景下实现的一些恶意功能电路。硬件木马的结构包括触发逻辑和有效载荷。根据硬件木马的 4 个属性,可对其进行分类:① 设计周期中的植入阶段;② 硬件木马的创建方式;③ 硬件木马的激活机制;④ 硬件木马的恶意功能。

FPGA 的第二个硬件脆弱性源是逻辑漏洞。FPGA 的硬件逻辑漏洞主要来自有限状态机,本章介绍了有限状态机的结构与在 FPGA 中的表示方法。当 FSM 中出现二义性以及特殊状态时,将会使 FPGA 的攻击者有机可乘,从而给 FPGA 带来安全隐患。此外,还介绍了 FSM 逻辑漏洞的传播模型。

除上述硬件脆弱性源之外,FPGA 还有其他脆弱性源。本章还对旁路泄露和电路闩锁这两种脆弱性源进行了介绍。旁路泄露主要是通过芯片工作过程中旁路信道泄露出的信号,例如功耗、电磁辐射等,这些旁路信号极有可能泄露内部的加密信息。电路闩锁是 CMOS 电路中常见的硬件脆弱性源,其触发条件为大工作电流、极端环境以及硬件木马等。

参考文献

[1] Bhunia S,Tehranipoor M. The Hardware Trojan War[M]. Cham:Springer,2017. 345−368.

[2] Agrawal D,Baktir S,Karakoyunlu D,et al. Trojan detection using IC fingerprinting[C]. 2007 IEEE Symposium on Security and Privacy (SP'07),Oakland,2007:296−310.

[3] Tehranipoor M,Wang C. Introduction to Hardware Security and Trust[M]. New York:Springer,2011:339−364.

[4] Mal-Sarkar S,Karam R,Narasimhan S,et al. Design and validation for FPGA trust under hardware Trojan attacks[J]. IEEE Transactions on Multi-Scale Computing Systems,2016,2 (3):186−198.

[5] Wang X,Tehranipoor M,Plusquellic J. Detecting malicious inclusions in secure hardware: Challenges and solutions[C] IEEE International Workshop on Hardware-Oriented Security and Trust,Anaheim,2008:15−19.

[6] Krieg C,Wolf C,Jantsch A. Malicious LUT:A stealthy FPGA Trojan injected and triggered by the design flow[C]. IEEE/ACM International Conference on Computer-Aided Design (IC-CAD),Austin,2016,16618709.

[7] Kumaki T,Yoshikawa M,Fujino T. Cipher-destroying and secret-key-emitting hardware Trojan against AES core[C]. IEEE 56th International Midwest Symposium on Circuits and Systems (MWSCAS),Columbus,2013:408−411.

[8]   Jin Y,Kupp N,Makris Y. Experiences in hardware Trojan design and implementation[C].
       2009 IEEE International Workshop on Hardware-Oriented Security and Trust,San Francisco,
       2009:50-57.

[9]   Wolff F,Papachristou C,Bhunia S. Towards Trojan-free trusted ICs:Problem analysis and de-
       tection scheme[C]. Proc. Conf. Design,Automation,and Test in Europe,Munich,2008:
       1362-1365.

[10]   Lyu Y, Mishra P. Cache-out:Leaking Cache memory using hardware Trojan [J]. IEEE
       Transactions on Very Large Scale Integration (VLSI) Systems,2020,28(6):1461-1470.

[11]   Das N,Saha M,Sikdar B K. Hard to detect combinational hardware Trojans[C]. 8th Inter-
       national Symposium on Embedded Computing and System Design (ISED),Cochin,2018:
       194-198.

[12]   Chakraborty R S,Narasimhan S,Bhunia S,et.al. Hardware Trojan:Threats and emerging so-
       lutions[C]. IEEE International Microwave Symposium,San Francisco,2009:166-171.

[13]   Rajendran J, Gavas E, Jimenez J, et al. Towards a comprehensive and systematic
       classification of hardware Trojans [J]. Computer,2010,43(10):39-46.

[14]   Alkabani Y,Koushanfar F. Designer's hardware Trojan horse[C]. 2008 IEEE International
       Workshop on Hardware-Oriented Security and Trust,Anaheim,2008:82-83.

[15]   Wei S,Li K,Koushanfar F,et al. Hardware Trojan horse benchmark via optimal creation and
       placement of malicious circuitry[C]. Proceedings of the 49th Annual Design Automation
       Conference,San Francisco,2012:90-95.

[16]   Wei S,Potkonjak M. The undetectable and unprovable hardware trojan horse[C]. Proceed-
       ings of the 50th Annual Design Automation Conference,Austin,2013:144-148.

[17]   Karri R,Rajendran J,Rosenfeld K,et al. Trustworthy hardware:Identifying and classifying
       hardware Trojans[J]. Computer,2010,43(10):39-46.

[18]   Chakraborty R S,Saha I,Palchaudhuri A,et al. Hardware Trojan insertion by direct modifi-
       cation of FPGA configuration bitstream[J]. IEEE Design & Test,2013,30(2):45-54.

[19]   Ender M,Swierczynski P,Wallat S,et al. Insights into the mind of a trojan designer:the
       challenge to integrate a trojan into the bitstream[C]. Proceedings of the 24th Asia and
       South Pacific Design Automation Conference (ASPDAC'19),Tokyo,2019:112-119.

[20]   Becker G T,Regazzoni F,Paar C,et al. Stealthy dopant-level hardware trojans[C]. Interna-
       tional Workshop on Cryptographic Hardware and Embedded Systems,Santa Barbara,2013:
       197-214.

[21]   Oya M,Shi Y,Yanagisawa M,et al. In-situ Trojan authentication for invalidating hardware-
       Trojan functions [C]. 17th International Symposium on Quality Electronic Design
       (ISQED),Santa Clara,2016:16036221.

[22]   Zhao Y,Peng C,Zeng H,et al. Optimization of real-time software implementing multi-rate

synchronous finite state machines[J]. ACM Transactions on Embedded Computing Systems (TECS),2017,16(5):1-21.

[23] Nowick S M,Dill D L. Synthesis of asynchronous state machines using a local clock[C]. IEEE International Conference on Computer Design: VLSI in Computers and Processors, Cambridge,USA,1991:192-197.

[24] Cassel S,Howar F,Jonsson B,et al. Active learning for extended finite state machines[J]. Formal Aspects of Computing,2016,28(2):233-263.

[25] 杨凯. 基于有限状态机理论的 MCS 控制系统的设计与实现[D].杭州:浙江大学, 2015:7-10.

[26] 魏荻宇.集成电路芯片硬件缺陷分类算法研究[D]. 成都:电子科技大学,2018:1-2.

[27] Nahiyan A,Farahmandi F,Mishra P,et al. Security-Aware FSM design flow for identifying and mitigating vulnerabilities to fault attacks[J]. IEEE Transactions on Computer-Aided Design of Integrated Circuits and Systems,2019,38(6):1003-1016.

[28] Farahmandi F,Mishra P. FSM anomaly detection using formal analysis[C]. IEEE International Conference on Computer Design (ICCD),Boston,2017:17394118.

[29] Islam M,Ansary M N,Nurain N,et al. A sweet recipe for consolidated vulnerabilities:Attacking a live website by harnessing a killer combination of vulnerabilities for greater harm[C]. 5th International Conference on Networking, Systems and Security (NSysS), Dhaka, 2018:18431763.

[30] Weaver J A,Horowitz M A. Measurement of supply pin current distributions in integrated circuit packages[C]. IEEE Electrical Performance of Electronic Packaging,Atlanta,2007: 7-10.

[31] Wada S,Kim Y,Fujimoto D,et al. Efficient electromagnetic analysis based on side-channel measurement focusing on physical structures[C]. IEEE International Symposium on Electromagnetic Compatibility & Signal/Power Integrity (EMCSI),Reno,2020:532-536.

[32] Tsang J C,Kash J A. Picosecond hot electron light emission from submicron complementary metal-oxide-semiconductor circuits[J]. Applied Physics Letters,1997,70(7):889.

[33] Pourya B M,Ali J,Media R. Security improvement of FPGA design against timing side channel attack using dynamic delay management[C]. IEEE Canadian Conference on Electrical & Computer Engineering (CCECE),Quebec,2018:18074372.

[34] Huh Y,Min K,Bendix P,et al. Chip level layout and bias considerations for preventing neighboring I/O cell interaction-induced latch-up and inter-power supply latch-up in advanced CMOS technologies[C]. Electrical Overstress/Electrostatic Discharge Symposium, Reno,2005:1-5.

[35] Jiang M,Fu G,Wan B,et al. Research on single event latch-up effect of CMOS based on TCAD[C]. Second International Conference on Reliability Systems Engineering (ICRSE),

Beijing,2017:17173498.

[36] Guo Y,Wang S,Ma N,et al. A single event latch-up protection method for SRAM FPGA
[C]. IEEE 13th International Conference on Electronic Measurement & Instruments,Yang-
zhou,2017:332-336.

[37] Rezzak N,Wang J J. Single event latch-up hardening using TCAD simulations in 130 nm
and 65 nm embedded SRAM in flash-based FPGAs[J]. IEEE Transactions on Nuclear Sci-
ence,2015,62(4):1599-1608.

[38] Li J,Chi M,Sui Q,et al. Design of a chip destructible hardware Trojan[C]. International
Symposium on Computer,Consumer and Control,Xi'an,2016:648-651.

第3章 FPGA代码层硬件木马检测技术

硬件木马已成为FPGA硬件安全领域的主要挑战之一[1-4]。目前,FPGA设计过程中很多环节是通过外包方式实现的,例如IP核的设计、EDA软件的开发等。这些环节都有可能被攻击者植入硬件木马[5]。为了保障FPGA的安全,需要检测FPGA中是否存在硬件木马,及早发现并对硬件木马进行定位,从而有效防御硬件木马攻击。

本书第3—5章将介绍FPGA硬件木马的检测技术。FPGA的开发设计包含HDL代码设计、网表设计及比特流实现等3个层次,因此针对FPGA开发过程中植入的硬件木马,其检测技术也可按照这3个层次划分:① 代码层木马检测技术,主要对HDL代码中包含的硬件木马进行检测[6-9];② 网表层木马检测技术,即通过HDL语言综合后生成网表文件,通过一些技术手段对网表中的可疑节点进行检测[10-13];③ 版图层木马检测技术,即针对带布局布线信息的比特流配置FPGA后的芯片版图中所包含的硬件木马进行检测[14-17]。本章将重点讨论代码层的硬件木马检测技术。

3.1 逻辑功能检测法

组合逻辑木马的触发条件为同时发生的一组罕见节点组合,时序逻辑木马的触发条件为电路到达某一罕见状态,因此可以通过引入逻辑功能检测的方法,对组合逻辑的所有可能节点输入值以及时序逻辑的所有可能状态进行功能检测,发现功能异常的组合,从而检测到硬件木马。

目前,越来越多的研究集中在硬件木马的建模和检测上[18-22],逻辑功能检测是其中一种检测方式,在原理上类似于传统的固定型故障(Stuck-at Fault, SAF)检测。硬件木马模型与传统的SAF模型有非常大的区别,由于其通常隐藏在低可控制性和低可观察性节点中,因此使用传统的逻辑功能检测手段来激活

FPGA 硬件木马的效果并不理想[23]。逻辑功能检测技术研究的重点是如何在 HDL 代码层生成覆盖罕见节点组合和罕见状态的测试向量,从而激活硬件木马电路,并观察其对主要输出的影响。

使用逻辑功能测试检测 FPGA 硬件木马时,不仅要满足木马的触发条件,还要将其产生的影响传输到输出节点以供观察。假设电路内部的一个 n 输入木马,其第 i 个输入端被测试到的概率为 p_i,如果攻击者精心设计木马,p_i 会非常小。那么,木马被检测到的概率 P 是木马所有触发端口被检测到概率的乘积[24]:

$$P = \prod_{i=1}^{n} p_i \tag{3-1}$$

若 $p_i = 0.1$, $i = 1, 2, \cdots, n \geqslant 10$ 时,有 $P \leqslant 10^{-10}$。

在逻辑功能检测方法中如何产生有效的激活向量是该方法面临的难点之一。逻辑功能检测的另一个难点在于,原始电路内部节点可以衍生出的木马数量众多,生成硬件木马的空间巨大,使用枚举法生成完备的测试向量不切实际。举例来说,对于由 4 个触发节点和 1 个有效载荷节点组成的 FPGA 硬件木马,在一个有 451 门的小型 ISCAS-85 标准测试电路 C880 中,可以有 $C_{451}^4 \approx 1.7 \times 10^9$ 种触发逻辑和 $C_{451}^4 \times (451-4) \approx 7.6 \times 10^{11}$ 种可能的组合型木马。由于不是所有的木马程序在功能上都可行,因此,测试向量的生成需要考虑来自主输入的罕见事件组合是否合理[25]。

文献[26]提出了一种基于逻辑功能检测的 MERO(Multiple Excitation of Rare Occurence)测试向量生成技术,它基于统计向量生成方法,产生一个最优的测试向量集,这些向量可以多次触发电路中的每个罕见节点。木马模型的触发节点数、触发概率以及木马的性质(无论是组合型还是时序型)都是算法的可变输入。使用这样的逻辑测试方法,将更易于触发 FPGA 中的硬件木马,从而大幅降低逻辑功能检测所需要的时间。

3.2 覆盖率检测法

在仿真期间监视 HDL 代码的执行,在仿真用例全面的情况下,未执行的代码中可能会隐藏硬件木马。因此,可以通过代码覆盖率测试来检测硬件木马。通常覆盖率通过以下几种指标进行衡量。

（1）行覆盖率

行覆盖率（或语句覆盖率）显示在仿真运行期间测试平台执行了哪些代码行以及哪些代码行未执行。行覆盖率应用于 HDL 代码中的信号和变量赋值，可统计在仿真设计时每个赋值语句的执行次数。行覆盖率还会生成带注释的列表，这些列表可识别未执行的语句，从而提供信息帮助测试人员编写更多测试样例来提高覆盖范围，触发仿真事件，例如过程赋值语句或系统任务。控制其他语句执行的语句，例如 while 语句或 if 语句等都会被行覆盖率追踪。零执行计数将指向尚未执行的、可能是潜在设计错误源（或恶意木马）的代码行。

（2）翻转覆盖率

翻转覆盖率监视设计中信号位值的变化情况。当翻转覆盖率达到 100% 时，意味着每个受监视信号的每个位的值都将从 0 变为 1，或者从 1 变为 0。通过网络和寄存器总覆盖范围的度量标准，可以获得所有元素的切换活动情况，从而清楚地显示在代码级实际执行了多少测试。信号位值的转换统计情况提供了未翻转信号和设计未执行部分的明确信息，可以检查每个模块生成的统计数据，快速确定低覆盖率的区域。

（3）条件覆盖率

条件覆盖率衡量在仿真期间条件语句中的变量或子表达式的执行情况，它可以在条件语句中找到其他覆盖率分析无法找到的错误。例如：条件表达式在连续或过程赋值语句中与条件运算符"?："一起使用，子表达式指的是除逻辑与 AND（&&）、逻辑或 OR（∥）及三元运算符之外的其他条件操作数。如 assign r8 = (r1 = = r2) && r3 ? r4 :r6 中的(r1 = = r2) && r3 是条件表达式，(r1 = = r2) 和 r3 是子表达式，子表达式是指 if 语句中条件表达式中逻辑与、逻辑或等运算符的操作数。

（4）分支覆盖率

分支覆盖率衡量影响 HDL 控制流（例如 if 语句和 while 语句）的表达式和 case 语句的覆盖范围，它侧重于检测 HDL 执行控制流的决策点是否具有未知和高阻抗值的分支覆盖范围。如果 if 语句中的条件表达式求值为 X 或 Z，则分支覆盖率将其视为 false 值，并报告覆盖表达式值为 0。如果 case 语句中的 case 表达式求值为 X 或 Z，将执行默认的 case 项。

（5）FSM 覆盖率

在硬件实现中，FSM 是输出当前状态的时序逻辑和输出下一状态的组合逻辑。当仿真器为 FSM 覆盖率编译设计时，它会将源代码中的一组和寄存器相关的语句标识为 FSM，并跟踪仿真期间 FSM 中发生的状态转换。时序逻辑由下一个状态信号以及时钟和复位信号驱动,组合逻辑由当前状态和 FSM 的输入驱动。

根据硬件木马的结构和类型,可以得出以下结论:

(1)行覆盖率检测是最为基本的一种覆盖率检测。在书写高效的设计中,应该存在尽可能少的冗余代码,而木马部分的电路代码相比正常电路的代码都是多余的部分,即仿真期间没有覆盖的代码。当对设计代码做了详尽的仿真后,那些一直未覆盖的代码行就应当被重点关注并仔细分析,需要确定是测试用例存在边界条件未覆盖,还是其本身就是一个硬件木马。

(2)FSM 覆盖率对时序型硬件木马特别有效。FSM 在数字电路设计中是必不可少的时序逻辑,根据硬件木马的类型及设计方式,时序型硬件木马经常隐藏在状态机的多余状态中,因此木马触发的条件便是满足某一罕见状态。如图 3-1 所示,ten 是木马的触发信号,当 $ten \leqslant 1'b1$ 时,木马触发。而为了得到 $ten \leqslant 1'b1$,应该满足前面的状态机,需要一个极其罕见的触发序列,故通过 FSM 覆盖率检测可以发现状态机的状态跳转并没有完全实现,即木马电路被检测出来。

```
always @(posedge clk or negedge rst) begin
    if(!rst) state<=s1;
    else begin
        case(state)
            s1:if(pattern==p(1,1))
                    state<=s2;
                else state<=s1;
            s2:if(pattern==p(2,1))
                    state<=s3;
                else state<=s1;
            ...
            sk:if(pattern==p(k,1))
                    state<=sn;
                else state<=s1;
            default:state<=s1;
        endcase
    end
    if(state==sn)
        ten<=1'b1;
    else ten<=1'b0
end
```

图 3-1 FSM 实现的硬件木马

(3)分支覆盖率能很好地检测 HDL 控制流(例如 if 语句和 while 语句)表达式和 case 语句的覆盖情况。根据硬件木马的结构,对于那些不总是处于激活状态的木马,在设计中需要有触发信号来激活它。而在通常情况下,木马也会隐藏在正常逻辑的电路中,且绝大多数时候通过控制流的决策点决定是否进入硬件木马部分。因为木马插入点的第一个要素就是要选择低触发概率的节点,故在仿真期间,木马电路很难被触发。分支覆盖率检测可以定位木马的具体位置。如图 3-2 所示,在木马不被触发的情况下,ten≤1'b1 及 f≤fm 不会执行(ten 是木马触发信号,fm 是木马负载),可见该木马无法逃避分支覆盖率的检测。

```
always @(posedge clk or negedge rst) begin
    if(!rst)
        ten<=1'b0;
    else if(pattern==PATTERN/
            counter==COUNTER)
        ten<=1'b1;
    else ten<=1'b0;
end
always@(posedge clk or negedge rst) begin
    if(!rst)
        f=fn;
    else if(ten==1'b1)
        f<=fm;
    else f<=fn;
end
```

图 3-2　分支覆盖率检测硬件木马实现示例

3.3　无用电路分析法

无用电路分析法(Unused Circuit Identification,UCI)是硬件设计中自动识别可疑电路的检测技术之一[7],其目标是在硬件的设计阶段自动检测嵌入在 HDL 源代码中的潜在恶意逻辑,且该算法不会错检出正常电路。该方法使攻击者很难避开,并且不需要专门为其研发一套新的验证测试集。传统硬件设计通常包括很多设计验证测试,设计人员使用这些测试来验证组件的功能,以验证硬件电路是否输出预期结果。无用电路分析法借助设计验证测试来检测潜在的木马电路。

最近的研究表明,可以使用在常规测试期间不会触发的小规模电路来实现硬件木马[27],这种隐藏攻击技术在测试期间不影响任何输出,可逃避逻辑功能检测。为了解决该问题,Hicks 等人将硬件木马检测抽象为 UCI 问题[28],只要被观察的逻辑电路在仿真期间输入与输出一致,就可以将其视为可疑电路。具体来说,UCI 算法跟踪电路中所有的信号对,标记具有相等特性的信号作为可疑逻辑植入位置。然后,隔离可疑电路并通知检测人员进行处理。通常,UCI 检测得到的结果是木马的一个超集,即木马部分在未触发的时候一定包含于 UCI 检测结果中,但不代表 UCI 检测结果均为硬件木马。UCI 算法示意图如图 3-3 所示,输入为 q、r 及 s,输出为 t,通过检测电路输入和输出之间的对应关系,可以找出无用的输入为 q 和 r,即为木马插入目标。

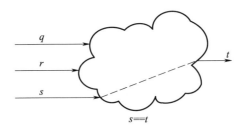

图 3-3 UCI 算法示意图

UCI 算法分为三个阶段:静态分析、程序植入及测试验证。第一阶段需要从源代码构建数据流图。在数据流图中,每个边表示一个 wire 类型的信号,每个节点表示一个门。数据流图用于查找所有信号对的集合,即信号对 (s, t) 的集合。在数据流图中存在从 s 到 t 的路径,这样的路径表明数据可以从信号 s 流到信号 t。换句话说,信号 t 取决于信号 s。在第二阶段,一旦识别出所有信号对集合,就修改初始源代码植入跟踪程序,以记录仿真过程中 $s \neq t$ 的信号。算法的第三阶段是测试验证,对新改动的代码进行仿真,在验证阶段结束时,跟踪信号统计并报告所有测试用例中都相等的信号对(如果存在)。这些始终相等的信号对表明了硬件木马可能存在的位置。如果在所有测试用例中,存在信号对 (s, t) 始终保持 $s = t$,则 s 和 t 之间的电路可以用单个连线替换,而不会影响任何测试用例的结果。这个中间电路被突出标记为潜在的硬件木马,因为这个逻辑在任何测试用例中都没有发生作用。

图 3-4 给出了一个恶意隐藏在多路复用器电路中的木马逻辑及对应的 HDL 源代码。可以看出,在测试期间适当地控制选择信号(Ctl(0) 和 Ctl(1))组合,精心设计的多路复用器即可通过覆盖率测试,控制状态 00、01 和 10 的组合将完全覆盖电路而不触发攻击条件。因此,该电路中的木马逻辑能通过代码覆盖率测试。

利用 UCI 算法,可有效识别上述硬件木马。首先,UCI 算法创建了一个数据

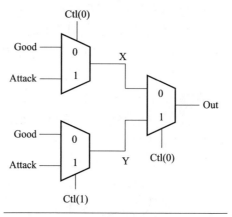

X <= (Ctl(0) = 1'b0) ? Good : Attack
Y <= (Ctl(1) = 1'b0) ? Good : Attack
Out <= (Ctl(0) = 1'b0) ? X : Y

图 3-4   多路复用器电路图及 HDL 源代码

流图,如图 3-5 所示,其中节点表示信号和状态元素,连线表示节点之间的数据流。基于该数据流图,UCI 生成所有信号对列表,其中数据从源信号流向最终信号。该信号对列表包括两者的直接关系(如图 3-5 中的(Good,X))和间接关系(如图 3-5 中的(Good,Out))。

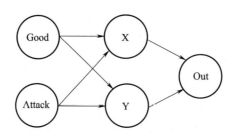

图 3-5   多路复用器源码的数据流图

其次,UCI 修改 HDL 代码,以跟踪信号对集合的情况。注意:中间逻辑不影响源信号和最终信号之间的数据流。在仿真过程中,UCI 检查每个信号对是否始终相等。如果有一对信号对不相等,意味着数据流对之间的逻辑会影响输出,因此这部分逻辑是正常工作的电路,可以从信号对集合中删除。在仿真完成之后,剩余的信号对代表了可疑逻辑。以图 3-4 中的多路复用器电路为例,算法过程如下:

(1) UCI 创建了一组初始的信号对,对于上述电路而言是(Good,X),(Attack,X),(Good,Y),(Attack,Y),(Good,Out),(Attack,Out),(X,Out)和

（Y，Out）。

（2）UCI 考虑第一个仿真步骤，其中控制信号为 00，输出 Out 为 Good，X 为 Good，Y 为 Good。删除（Attack，X），（Attack，Y）和（Attack，Out）。

（3）UCI 考虑第二个仿真步骤，其中控制信号为 01，输出 Out 为 Good，X 为 Good，Y 为 Attack。删除（Good，Y）和（Y，Out）。

（4）UCI 考虑第三个仿真步骤，其中控制信号为 10，输出 Out 为 Good，X 为 Attack，Y 为 Good。删除（Good，X）和（X，Out）。

（5）UCI 完成仿真并在信号对列表中保留（Good，Out），其中间逻辑不影响信号传播。

在该例子中，来自 UCI 的结果可输出识别的硬件木马。最后，可将 Good 信号直接连接到 Out 信号，从电路中删除恶意元素。

3.4　本章小结

本章介绍了逻辑功能检测法、覆盖率检测法和无用电路分析法等 3 类代码级硬件木马检测技术。其中，逻辑功能检测法的基本思路是通过 HDL 代码生成覆盖罕见节点组合和罕见状态的测试向量，从而激活硬件木马电路，以观察其对主要输出的影响；覆盖率检测法的基本思路是通过在仿真期间监视 HDL 代码的执行，在测试用例全面的情况下，未执行的代码中往往会隐藏硬件木马，因此可以通过代码覆盖率来分析检测硬件木马；无用电路分析法是专门识别硬件木马的算法，该算法通过静态分析、代码植入及测试验证等步骤，可识别代码中的无用电路。

参考文献

[1]　Xiao K，Forte D，Jin Y，et al. Hardware Trojans：Lessons learned after one decade of research[J]. ACM Transactions on Design Automation of Electronic Systems（TODAES），2016，22（1）：1-23.

[2]　Agrawal D，Baktir S，Karakoyunlu D，et al. Trojan detection using IC fingerprinting[C]. 2007 IEEE Symposium on Security and Privacy（SP '07），Berkeley，2007：296-310.

[3]　Adee S. The hunt for the kill switch[J]. IEEE Spectrum，2008，45（5）：34-39.

[4]   Collins D R. Trust in integrated circuits[C]. Microsensor Technologies: Enabling Information on Demand(GOMACTech-08) , Las Vegas, 2008: 225–226.

[5]   Guin U, Huang K, Dimase D, et al. Counterfeit integrated circuits: A rising threat in the global semiconductor supply chain[J]. Proceedings of the IEEE, 2014, 102(8): 1207–1228.

[6]   Krieg C, Rathmair M, Schupfer F. A process for the detection of design-level hardware Trojans using verification methods[C]. Proceedings of the 11th IEEE International Conference on Embedded Software and Systems (ICESS 2014) , Paris, 2014: 741–746.

[7]   Sturton C, Hicks M, Wagner D, et al. Defeating UCI: Building stealthy and malicious hardware [C]. Proc IEEE Symposium Security and Privacy (SP) , Oakland, 2011: 64–77.

[8]   Zhang J, Yuan F, Wei L, et al. VeriTrust: Verification for hardware trust [J]. IEEE Transactions on Computer-Aided Design of Integrated Circuits and Systems, 2015, 34(7): 1148–1161.

[9]   Zhang J, Yuan F, Xu Q. DeTrust: Defeating hardware trust verification with stealthy implicitly-triggered hardware Trojans[C]. Proceedings of the 2014 ACM SIGSAC Conference on Computer and Communications Security(CCS ' 14) , Scottsdale, 2014: 153–166.

[10]   Chen X, Liu Q, Yao S, et al. Hardware Trojan detection in third-party digital intellectual property cores by multilevel feature analysis[J]. IEEE Transactions on Computer-Aided Design of Integrated Circuits and Systems, 2018, 37(7): 1370–1383.

[11]   Salmani H. COTD: Reference-free hardware Trojan detection and recovery based on controllability and observability in gate-level netlist [J]. IEEE Transactions on Information Forensics and Security, 2017, 12(2): 338–350.

[12]   Cakır B, Malik S. Hardware Trojan detection for gate-level ICs using signal correlation based clustering[C]. Design, Automation & Test in Europe Conference & Exhibition (DATE) , Grenoble, 2015: 471–476.

[13]   Hasegawa K, Yanagisawa M, Togawa N. Trojan-feature extraction at gate-level netlists and its application to hardware-Trojan detection using random forest classifier[C]. IEEE International Symposium on Circuits and Systems (ISCAS) , Baltimore, 2017: 1–14.

[14]   Li J, Ni L, Chen J, et al. A novel hardware Trojan detection based on BP neural network [C]. 2nd IEEE International Conference on Computer and Communications (ICCC) , Chengdu, 2016: 2790–2794.

[15]   Ni L, Li J, Lin S, et al. A method of noise optimization for hardware Trojans detection based on BP neural network[C]. 2nd IEEE International Conference on Computer and Communications (ICCC) , Chengdu, 2016: 2800–2804.

[16]   Wang S, Dong X, Sun K, et al. Hardware Trojan detection based on ELM neural network [C]. First IEEE International Conference on Computer Communication and the Internet (ICCCI) , Wuhan, 2016: 400–403.

[17]　Liu Y,Jin Y,Nosratinia A,et al. Silicon demonstration of hardware Trojan design and detection in wireless cryptographic ICs[J]. IEEE Transactions on Very Large Scale Integration (VLSI) Systems,2017,25(4):1506-1519.

[18]　Wei S,Potkonjak M. Scalable hardware Trojan diagnosis[J]. IEEE Transactions on Very Large Scale Integration (VLSI) Systems,2011,20(6):1049-1057.

[19]　Xue M F,Hu A Q,Li G Y. Detecting hardware Trojan through heuristic partition and activity driven test pattern generation[C]. Communications Security Conference,Beijing,2014:1-6.

[20]　Salmani H,Tehranipoor M,Plusquellic J. A layout-aware approach for improving localized switching to detect hardware Trojans in integrated circuits[C]. 2010 IEEE International Workshop on Information Forensics and Security,Seattle,2010:1-6.

[21]　Zhou B,Zhang W,Thambipillai S,et al. A low cost acceleration method for hardware Trojan detection based on fan-out cone analysis[C]. Proceedings of the 2014 International Conference on Hardware/Software Codesign and System Synthesis,New Delhi,2014:1-10.

[22]　Banga M,Chandrasekar M,Fang L,et al. Guided test generation for isolation and detection of embedded Trojans in ICs[C]. Proceedings of the 18th ACM Great Lakes Symposium on VLSI,Orlando,2008:363-366.

[23]　Salmani H,Tehranipoor M,Plusquellic J. A novel technique for improving hardware Trojan detection and reducing Trojan activation time[J]. IEEE Transactions on Very Large Scale Integration (VLSI) Systems,2011,20(1):112-125

[24]　Xiao K,Forte D,Jin Y,et al. Hardware Trojans:Lessons learned after one decade of research [J]. ACM Transactions on Design Automation of Electronic Systems (TODAES),2016,22 (1):1-6.

[25]　Tehranipoor M,Wang C. Introduction to Hardware Security and Trust[M]. New York: Springer,2011:339-364.

[26]　Chakraborty R S,Wolff F,Paul S,et al. MERO:A statistical approach for hardware Trojan detection[C]. International Workshop on Cryptographic Hardware and Embedded Systems, Lausanne,2009:396-410.

[27]　King S T,Tucek J,Cozzie A,et al. Designing and implementing malicious hardware[C]. LEET'08:Proceedings of the 1st Usenix Workshop on Large-Scale Exploits and Emergent Threats,San Francisco,2008:1-8.

[28]　Hicks M,Finnicum M,King S T,et al. Overcoming an untrusted computing base:Detecting and removing malicious hardware automatically[C]. 2010 IEEE Symposium on Security and Privacy,Oakland,2010:159-172.

第4章　FPGA 网表层硬件木马检测技术

硬件木马导致 FPGA 芯片面临很大的安全风险,是 FPGA 硬件脆弱性的主要来源之一。因此,如何准确地检测 FPGA 中的硬件木马是当前国内外的研究热点。基于前述的 FPGA 安全相关知识,RTL 代码综合后生成的网表文件可能遭受攻击而被植入硬件木马,因此,在网表层检测设计文件是否包含硬件木马非常有必要。本章将介绍网表层的硬件木马检测技术,具体从两个方面展开,分别是基于网表特征的硬件木马检测技术和基于信息流跟踪的硬件木马检测技术。

4.1　基于网表特征的硬件木马检测技术

本节将重点介绍基于网表特征的硬件木马检测技术,所采用的网表主要为门级网表。门级网表的获取主要通过两个途径。第一个途径为正向获取,设计者若想查看逻辑设计、综合及芯片布局等芯片生产流程是否有木马入侵,可以直接通过设计工具获取网表文件。第二个途径为逆向获取,使用者有芯片封装后的成品,想要获取门级网表文件,可以利用逆向工程实现[1]。

硬件木马是被恶意植入或篡改的电路,具有一定的隐蔽性。在门级网表层面,攻击者通过修改或添加逻辑电路单元,生成硬件木马,然后利用相应的节点,即木马挂载点,将硬件木马连接到主电路中,并通过该节点传播恶意信号。硬件木马在未触发前往往表现出极低的可测试性,主电路需要通过触发木马挂载点才能触发硬件木马。因此,如果能够提取网表文件中各节点的可测试性,并通过聚类分析得出较低可测试性的节点,就可能找到木马的挂载点。

本节将通过门级网表的可测试性分析检测木马。具体而言,可测试性分为可控制性和可观察性,可观察性用于测量控制或观测电路中指定节点所需的信息量和空间意义上的难度;可控制性是指通过电路原始输入控制电路内部节点到 0 或者 1 的难易程度。可测试性值与信号概率之间的关系,可参考文献[2]中关于信号概率的工作。本书将采用 SCOAP(Sandia Controllability/Observability Analysis Program)算法中的组合 0 和组合 1 的可控制性和可观测性作为节点的特征值[3]。例如,一组基于 2 输入与门互连的电路,呈二叉树的结构形式,输出节点为 OUT,树的深度为 k(器件级数),有 2^k 个输入,2^k-1 个 AND 逻辑门,$2^{k+1}-1$ 个节点(注:若无特殊说明,本节的节点特指电路中的连线)。假设电路的所有输入端口输入等概率的逻辑值,则有

$$p(\text{OUT} = 1) = (1/2)^{2^k}$$
$$p(\text{OUT} = 0) = 1 - (1/2)^{2^k} \qquad (4-1)$$

其中 $p(\text{OUT}=1)$ 为 OUT 节点输出为 1 的概率,$p(\text{OUT}=0)$ 为 OUT 节点输出为 0 的概率。根据可控制性的内涵,输出节点 OUT 的组合 1 可控制性值和组合 0 可控制性值分别为

$$CC1(\text{OUT}) = 2^{k+1} - 1$$
$$CC0(\text{OUT}) = 1 + k \qquad (4-2)$$

翻转概率是指某个节点处于一个具体值的概率,与可控制性描述的属性类似。可以看出,可控制性值和节点的翻转概率之间存在负相关的关系。同时,本节介绍的检测方法还将从可观测性的角度衡量节点的可测试性,有助于从输出端的角度发现异常节点。

基于网表特征的硬件木马检测方法流程如图 4-1 所示。总体而言,本方法属于静态分析法,它主要基于电路的拓扑结构分析,不需要像传统的逻辑验证方式激活木马,也不用像旁路分析法受噪声和工艺误差带来的影响。但是,硬件木马检测通常面临黄金模型缺失的问题(即无标准的芯片网表作为参考),因此本方法采用无监督聚类分析方法。无监督聚类分析可用于探索没有标记响应的输入数据集,最大化同一簇中对象的相似度和异簇对象之间的差异性。

从图 4-1 可以看出,本方法先定性判断门级网表是否为硬件木马网表,然后提取硬件木马网表中的可疑节点集,并识别硬件木马及感染电路。输入为一个网表文件。检测流程分为以下 4 步:

第一步:构建有向图模型。将门级网表映射为有向图。

第二步:提取节点可测试性值。使用 SCOAP 算法,用可控制性值和可观测性值衡量节点的可测试性,计算网表中每个节点的可测试性值。

第三步:对节点进行聚类,分为 K 均值(K-means)聚类和 DBSCAN(Density-Based Spatial Clustering of Applications with Noise)聚类两种方式[4-8]。将每个节点的可测试性值作为特征属性,使用无监督的聚类算法对网表文件中的所有节点进行簇类划分。

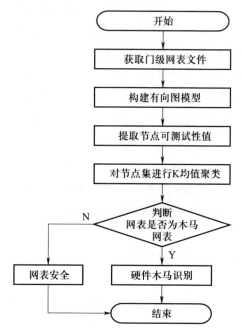

图 4-1 基于网表特征的硬件木马检测流程图

第四步:判断网表是否为木马网表。通过分析节点簇的空间分布特性,设置木马网表判断阈值,区分网表是木马网表还是普通网表。若是木马网表,则进一步提取木马挂载节点。

4.1.1 有向图模型及木马特征提取

在提取特征之前,需要先将网表文件转换成便于程序设计语言理解的结构化数据。具体在本算法中,首先将网表文件映射为有向图模型,然后使用十字链表存储有向图的顶点和边信息。例如,图 4-2 为网表文件转换后的等效电路图,信息通过节点传递,节点通过逻辑器件连接在一起(注:FPGA 底层器件的与或非等逻辑由 LUT 表示,需等价转换后再进行分析)。同时,除了输入节点,对于逻辑单元的输出引脚,任意节点 n 都可索引到唯一的逻辑单元。下文提到节点 n 的逻辑单元,都表示以节点 n 作为输出的逻辑单元。

因此,可以将各个输入端口、输出端口以及内部连线作为有向图的顶点,构成顶点集合 V,顶点属性包括其对应的逻辑单元名、逻辑单元类型及节点引脚名等。然后,将每个逻辑单元映射为多条有向图的边,每条边的弧尾为该逻辑单元

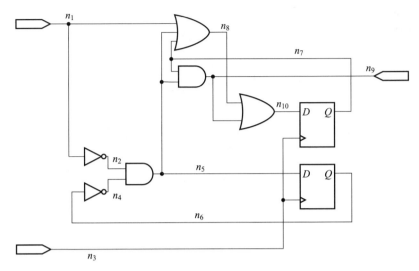

图 4-2　网表文件等效电路图

的一个输入节点,构成边集 E。边的弧头为该逻辑器件的一个输出节点,因此每条边包括弧头、弧尾及输入节点的引脚名等属性。每个门级网表都可以映射得到有向图 $G=(V,E)$,G 由顶点集 V 和边集 E 组成,G 中包含了网表文件的所有信息。由图 4-2 对应的网表文件映射可得如图 4-3 表示的有向图结构。映射得到顶点集 $V=\{n_1,n_2,\cdots,n_{10}\}$ 和边集 $E=\{(n_1,n_2),(n_1,n_8),\cdots,(n_9,n_{10})\}$。

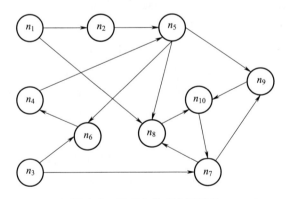

图 4-3　网表文件有向图结构

　　获得有向图后,为了存储有向图中节点的信息以方便后续访问数据,需要将其采用合适的结构存储下来。常见的有向图存储方式有邻接表、邻接矩阵、十字链表等。邻接表方式实现简单,空间小,但是访问不方便;邻接矩阵方式实现简单,访问方便,但是空间开销大,且数据冗余度也大;而十字链表综合考虑了前二者的优缺点,因此采用十字链表方式存储网表映射的有向图信息。

十字链表采用链表的存储结构,如图 4-4 所示。

顶点值域 vertex	指针域 firstIn	指针域 firstOut

(a) 十字链表顶点表结构

弧尾节点 tailvex	弧头节点 headvex	弧上信息 info	指针域 headlink	指针域 taillink

(b) 十字链表边表结构

图 4-4 十字链表结构图

十字链表内部由节点构成的顶点表和有向边构成的边表构成,其中,顶点表需要 3 个基本信息:

① 顶点值域(vertext):用于表示顶点的唯一性,如 id;

② 指针域(firstIn):为一指针,指向以该节点为起点的边;

③ 指针域(firstOut):为一指针,指向以该节点为终点的边。

边表需要 5 个基本信息:

① 弧尾节点(tailvex):指向有向边的起点在顶点表中的位置;

② 弧头节点(headvex):指向有向边的终点在顶点表中的位置;

③ 弧上信息(info):用于存放有向边携带的信息;

④ 指针域(headlink):为一指针,指向同样以弧头节点为终点的边对象;

⑤ 指针域(taillink):为一指针,指向同样以弧尾节点为起点的边对象。

在后续检测中提取的网表中的可控制性和可观测性值,都将作为顶点属性保存在顶点表中。在后续操作过程中,将顶点表中的每个顶点都当作一个操作对象,特征值的初始化、计算、最终值的确定也就是对节点对应特征字段的写入、更新和读取过程。

特征值的初始化基于 SCOAP 算法实现。SCOAP 的组合逻辑度量由 3 个数字度量构成,如对于节点 n,分别为:组合 0 可控制性 $CC0(n)$、组合 1 可控制性 $CC1(n)$ 及组合可观测性 $CO(n)$。这 3 个度量值与可操作、控制并观测的节点 n 的信号数量有关,其中 $CC0(n)$ 与电路中控制节点 n 为 0 的最小组合节点分配数有关,$CC1(n)$ 与电路中控制节点 n 为 1 的最小组合节点分配数有关,$CO(n)$ 与节点 n 到主输出端口的组合标准单元的数量和将节点 n 上的逻辑值传播到主输出端口所需的最小组合节点分配数有关。$CC0(n)$ 和 $CC1(n)$ 的取值范围在 $[1,+\infty)$,$CO(n)$ 的取值范围在 $[0,+\infty)$。度量值越高,控制或观测越困难。

所以,网表中普通节点的可控制性值和可观测性值都很小。木马节点主要有两种表现:一是具有较大的可控制性值,二是具有较大的可观测性值。

针对可控制性计算,SCOAP 算法规定:控制每一个逻辑门的输出信号,控制难度等于逻辑器件的输入可控制性合集最小值加上逻辑器件的逻辑深度。电路中的逻辑门器件分为两类,分别具有不同的逻辑深度。组合逻辑器件的逻辑深度被定义为 1,例如 AND、OR、XOR、INV 等;时序逻辑器件的逻辑深度被定义为 0,例如 DFF 等触发器。

综上,计算节点的可控制性值与 3 个因素有关:逻辑单元所处位置的逻辑深度、逻辑单元的类型以及逻辑单元输入节点的可控制性值。

逻辑器件输出可控制性的计算公式可以分为以下 3 类:

① 根据所有输入可控制性值的最小值,确定逻辑门的输出可控制性。具体为

$$输出可控制性 = \min(输入可控制性) + 逻辑深度 \qquad (4-3)$$

② 根据所有输入可控制性值的全体值,确定逻辑门的输出可控制性。具体为

$$输出可控制性 = \sum(输入可控制性) + 逻辑深度 \qquad (4-4)$$

③ 根据所有输入可控制性合集的最小值,确定逻辑门的输出可控制性。具体为

$$输出可控制性 = \min(输入可控制性合集) + 逻辑深度 \qquad (4-5)$$

同理,逻辑器件输入可观测性的计算公式可以分为以下两类:

① 由输出可观测性和其他所有输入可控制性值确定。具体为

$$输入可观测性 = \sum(输入可控制性) + 输出可观测性 \qquad (4-6)$$

② 由输出可观测性和其他输入的可控制性合集最小值决定。具体为

$$输入可观测性 = 输出可观测性 + \min(输入可控制性合集) \qquad (4-7)$$

针对可观测性计算,SCOAP 算法规定:观测每一个逻辑门的输入信号,观测难度等于输出的可观测性加上设置其他输入为非控制值的难度,再加上逻辑器件的逻辑深度。其中,组合逻辑器件的组合逻辑深度为 1,时序逻辑器件的逻辑深度为 0。通过上述原理,可以对一个元件库的所有类型数字逻辑器件构建 SCOAP 算法公式。典型数字逻辑器件可控制性计算方法见表 4-1。

表 4-1　典型数字逻辑器件可控制性计算方法

名称	计算方法
a, b → z (AND gate)	$CC0(z) = \min(CC0(a), CC0(b)) + 1$ $CC1(z) = CC1(a) + CC1(b) + 1$ $CO(a) = CO(z) + CC1(b) + 1$ $CO(b) = CO(z) + CC1(a) + 1$
a, b → z (OR gate)	$CC0(z) = CC0(a) + CC0(b) + 1$ $CC1(z) = \min(CC1(a), CC1(b)) + 1$ $CO(a) = CO(z) + CC0(b) + 1$ $CO(b) = CO(z) + CC0(a) + 1$
a, b → z (XOR gate)	$CC0(z) = \min(CC0(a) + CC0(b), CC1(a) + CC1(b)) + 1$ $CC1(z) = \min(CC1(a) + CC0(b), CC0(b) + CC1(b)) + 1$ $CO(a) = CO(z) + \min(CC0(b), CC1(b)) + 1$ $CO(b) = CO(z) + \min(CC0(a), CC1(a)) + 1$
a, b → z (NAND gate)	$CC0(z) = CC1(a) + CC1(b) + 1$ $CC1(z) = \min(CC0(a), CC0(b)) + 1$ $CO(a) = CO(z) + CC1(b) + 1$ $CO(b) = CO(z) + CC1(a) + 1$
a, b → z (NOR gate)	$CC0(z) = \min(CC1(a), CC1(b)) + 1$ $CC1(z) = CC0(a) + CC0(b) + 1$ $CO(a) = CO(z) + CC0(b) + 1$ $CO(b) = CO(z) + CC0(a) + 1$
a, b → z (XNOR gate)	$CC0(z) = \min(CC0(a) + CC1(b), CC1(a) + CC0(b)) + 1$ $CC1(z) = \min(CC0(a) + CC0(b), CC1(b) + CC1(b)) + 1$ $CO(a) = CO(z) + \min(CC0(b), CC1(b)) + 1$ $CO(b) = CO(z) + \min(CC0(a), CC1(a)) + 1$
a → z (NOT gate)	$CC0(z) = CC1(a) + 1$ $CC1(z) = CC0(a) + 1$ $CO(a) = CO(z) + 1$
D, C → Q (D flip-flop)	$CC1(Q) = CC1(D) + CC1(C) + CC0(C)$ $CC0(Q) = CC0(D) + CC1(C) + CC0(C)$ $CO(D) = CO(Q) + CC1(C) + CC0(C)$ $CO(C) = CO(Q) + CC0(D) + CC1(Q) + CC1(C) + CC0(C)$

续表

名称	计算方法
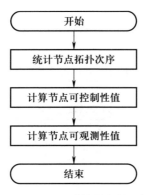	$CC1(Q) = \min((CC0(SETB) + CC0(C), CC1(D) + CC1(C) + CC0(C) + CC1(SETB))$ $CC0(Q) = CC0(D) + CC1(C) + CC0(C) + CC1(SETB)$ $CO(D) = CO(Q) + CC1(C) + CC0(C) + CC1(SETB)$ $CO(SETB) = CO(Q) + CC1(Q) + CC0(C) + CC0(SETB)$ $CO(C) = \min[CO(Q) + CC1(SETB) + CC1(C) + CC0(C) + CC0(D) + CC1(Q), CO(Q) + CC0(SETB) + CC1(C) + CC0(C) + CC1(D)]$
	$CC1(Q) = CC1(D) + CC1(C) + CC0(C) + CC0(RESET)$ $CC0(Q) = \min((CC1(RESET) + CC1(C), CC0(D) + CC1(C) + CC0(C) + CC0(RESET))$ $CO(D) = CO(Q) + CC1(C) + CC0(C) + CC0(RESET)$ $CO(RESET) = CO(Q) + CC1(Q) + CC0(C) + CC1(RESET)$ $CO(C) = \min(CO(Q) + CC0(RESET) + CC1(C) + CC0(C) + CC0(D) + CC1(Q), CO(Q) + CC1(RESET) + CC1(C) + CC0(C) + CC1(D))$

图 4-5 为基于 SCOAP 计算节点特征值的流程图。首先统计节点的拓扑次序,从而在线性时间复杂度的条件下有序地计算节点的特征值;然后根据正向拓扑次序,计算节点的可控制性值;最后根据逆向拓扑次序,计算节点的可观测性值。

开始

统计节点拓扑次序

计算节点可控制性值

计算节点可观测性值

结束

图 4-5　基于 SCOAP 计算节点特征值流程图

因为网表结构中存在闭环,闭环中的节点之间无拓扑次序关系,本算法将同一个闭环中的节点视为同一层。因此,使用 Kosaraju 算法统计节点的拓扑次序,流程如下:

第一步:对原图取反。

第二步：从任意一个顶点开始对反向图进行深度优先遍历（Depth First Search,DFS）,得到一个堆栈。

第三步：从栈顶取出元素,若还未被正向 DFS 访问过,则对该节点进行正向 DFS,一次正向 DFS 中访问的顶点属于同一强连通分量,即为同一拓扑次序;重复操作,直到栈为空,且每进行一次 DFS,节点层级标记加 1。

通过 Kosaraju 算法可得到拓扑次序数组,记录每个元素可能存放多个节点,这是因为这些节点在网表中对应的是一个环路。也可能只存放一个节点,表示该节点不与其他节点构成环。数组从小到大表示存放的元素拓扑次序从浅到深。

网表中节点可控制性值的计算流程如图 4-6 所示。其中,初始化过程将网表中输入端口 i 的可控制性值设置为 1,将其他节点 n 的可控制性值设置为 ∞,即

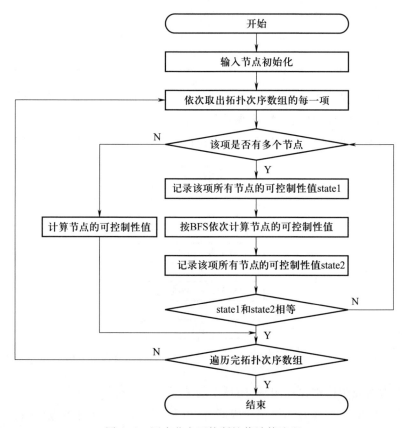

图 4-6　网表节点可控制性值计算流程

$$CC0(i) = CC1(i) = 1$$
$$CC0(n) = CC1(n) = \infty \tag{4-8}$$

初始化后,依次取出拓扑次序数组的每一项,计算每个节点的可控制性值,即找到节点对应的逻辑器件代入 SCOAP 公式中计算,直到有向图中的所有节点都访问完成。对于环路问题,将环路的节点看作同一层,即表现为在拓扑次序数组中多个节点存储在同一位置,使用广度优先遍历 BFS 循环迭代计算节点的可控制性值,直到收敛。注意:判断收敛的条件是环路中所有节点的可控制性值都不再变化。

接下来,计算网表中节点的可观测性值,计算过程如下:

第一步:初始化。将芯片中输出端口 u 的可观测性值设置初始值为 0,同时设置其他节点 n 的初始可观测性值为 ∞,即

$$CO(u) = 0$$
$$CO(n) = \infty \tag{4-9}$$

第二步:从网表输出引脚到输入引脚,将逻辑单元输出节点的可观测性映射到单元输入节点的可观测性。遍历节点时可采用广度优先遍历算法;节点的可控制性采用式(4-6)和式(4-7)给出的可观测性方程和已计算得到的节点可控制性值计算。

4.1.2 木马特征聚类划分

由于木马节点的隐蔽性,木马节点的网表特征值通常和普通节点分布在不同区域。本节将介绍两种可发现网表中是否存在木马的检测方式:其一为 K-means 基于划分的聚类方法,其二为 DBSCAN 基于密度的聚类方法。它们都不需要参考网表,可直接划分样本集为不同的簇。以一个门级网表文件作为输入,样本集即为同一个网表文件中的所有节点,特征属性为上一步所获得的 SCOAP 可观测性值。

1. K-means 聚类算法

这里使用 K-means 聚类方法,通过欧几里得度量节点之间的距离,在无黄金样本的情况下将样本节点集划分为不同的簇;同时 K-means 为硬分类方式,保证了每个节点只能归属于一个簇,且每个簇至少包含一个样本点,符合本方法对节点分类的场景。

它的基本思想是:首先初始化一定数量的聚类中心点,其次按照特定的度量公式将样本点划分到每个簇中,然后调整簇中心,再重新将样本分类,直到到达

某个准则或者达到预先设定的终止条件便停止训练。最后,形成不同的簇划分,样本集被划分为 k 类。

　　数据点到聚类中心的距离,常用的衡量方式为欧几里得计算方法,如公式 (4-10) 所示,其中 x 为数据点,$\boldsymbol{\mu}_i$ 表示第 $i(i \in \{1,2,\cdots,k\})$ 类的簇中心。

$$d_i = \|\boldsymbol{x} - \boldsymbol{\mu}_i\|^2 \qquad (4-10)$$

　　更新簇类中心的方式是统计当前划分到该簇的所有数据点的均值向量,如公式 (4-11) 所示,其中 C_i 为一个簇,且 $C_i \neq \varnothing$,$|C_i|$ 表示其中的数据点个数。

$$\boldsymbol{\mu}_i' = \frac{1}{|C_i|} \sum_{x \in C_i} x \qquad (4-11)$$

　　K-means 聚类的实现方法如下。使用 $N = \{n_1, n_2, \cdots, n_M\}$ 表示网表节点集合,其中 M 为网表中节点的总数。在提取节点特征之后,可得到每个节点 n_i $(i \in [1, M])$ 的可控制性值和可观测性值:

$$(CC0(n_i), CC1(n_i), CO(n_i)), \qquad n_i \in N \qquad (4-12)$$

　　考虑到木马节点有两种分布情况:其一,可控制性值较大;其二,可观测性值较大。所以,将 K-means 网络的聚类目标定为将集合 N 划分为 3 个簇,以完成木马检测工作,其流程如图 4-7 所示。

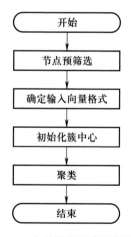

图 4-7　木马特征聚类分析流程

　　(1) 节点预筛选。针对节点的特征值向量中可能存在无穷大值,将节点集 $N = \{n_1, n_2, \cdots, n_M\}$ 分为两类 $\{N_1, N_2\}$,其中,$N_1 = \{n_1, n_2, \cdots, n_z\}$ 由可观测并且可控制的节点组成,N_2 由不可观测或者不可控制的节点组成。然后,将 N_2 中的节点加入可疑节点集 S_T 中,只将 N_1 节点集作为 K-means 聚类网络的输入样本。

（2）确定输入向量格式。对节点集 $N_1 = \{n_1, n_2, \cdots, n_z\}$，将每个节点 $n_i(n_i \in N_1)$ 的 0 可控制性值 $CC0(n_i)$ 和 1 可控制性值 $CC1(n_i)$ 合并为一个特征元素 $CC(n_i)$，计算公式如下：

$$CC(n_i) = \sqrt{CC1(n_i)^2 + CC0(n_i)^2}, \qquad n_i \in N_1 \qquad (4-13)$$

将 $CC(n_i)$ 作为节点 n_i 的可控制性度量值，$CO(n_i)$ 作为节点 n_i 的可观测性度量值，得到聚类网络的输入特征向量集 D：

$$D = \{(CC(n_i), CO(n_i)), n_i \in N_1\} \qquad (4-14)$$

节点 $n_i(n_i \in N_1)$ 和特征向量 $\boldsymbol{d}_i(\boldsymbol{d}_i \in D)$ 是一一对应的关系。

（3）初始化簇中心。考虑到木马节点的分布特征，初始化簇中心的时候不使用随机的方式，而是选择 3 个相对距离较大的点 $\{\boldsymbol{\mu}_1, \boldsymbol{\mu}_2, \boldsymbol{\mu}_3\}$ 作为簇中心，分别为

$$\boldsymbol{\mu}_1 = (0,0)$$
$$\boldsymbol{\mu}_2 = (0, \max(CO)) \qquad (4-15)$$
$$\boldsymbol{\mu}_3 = (\max(CC), 0)$$

其中，$\max(CO)$ 表示最大的可观测性值，$\max(CC)$ 表示最大的可控制性值。

（4）聚类。首先，遍历集合 D 并分别执行以下 3 步：

① 计算特征向量 $\boldsymbol{d}_j(\boldsymbol{d}_j \in D)$ 与各个簇中心 $\boldsymbol{\mu}_i(1 \leqslant i \leqslant 3)$ 的欧氏距离：

$$d_i = \|\boldsymbol{x} - \boldsymbol{\mu}_i\|^2 \qquad (4-16)$$

② 根据距离最近的簇中心确定 $\boldsymbol{d}_j$ 的簇标记：

$$\lambda_j = \underset{i \in \{1,2,3\}}{\arg\min} d_{ij} \qquad (4-17)$$

③ 将 $\boldsymbol{d}_j$ 划入相应的簇：

$$C_{\lambda_j} = C_{\lambda_j} \cup \{\boldsymbol{d}_j\} \qquad (4-18)$$

其次，更新每个簇的簇中心为

$$\boldsymbol{\mu}_i' = \frac{1}{|C_i|} \sum_{\boldsymbol{x} \in C_i} \boldsymbol{x} \qquad (4-19)$$

如果 $\boldsymbol{\mu}_i' \neq \boldsymbol{\mu}_i$，则将当前簇的均值向量 $\boldsymbol{\mu}_i$ 更新为 $\boldsymbol{\mu}_i'$；反之，则保持当前均值向量不变；若 $\{\boldsymbol{\mu}_1, \boldsymbol{\mu}_2, \cdots, \boldsymbol{\mu}_k\}$ 的值皆未改变，则聚类完成，得到节点簇 $\{C_1, C_2, C_3\}$。反之则重复第①、②步。

2. DBSCAN 聚类算法

DBSCAN 算法一个重要的优势是该算法对聚类簇的形状没有要求。DBSCAN 是一种基于密度的聚类算法，它基于节点空间分布密度的大小，将足够密集的区域划分到同一个簇中。一个簇可以是任意形状的节点紧密相连的最大

化集合。考虑到普通节点主要集中分布在靠近原点的区域,所以本书采用 DBSCAN 先找到普通节点簇,距离原点较远的簇或噪音节点可依次度量其与普通节点簇的最短距离,从而决定该节点应该被确定为木马簇,还是被归入普通节点簇中。木马簇表示簇中节点都是木马节点。

假设聚类样本集为 $X = \{x_1, x_2, \cdots, x_N\}$,DBSCAN 聚类算法基于以下几个基本概念:

(1) ε 邻域:对于任意样本 $x_i(x_i \in X)$,以 x_i 节点所处的位置为中心,向外扩张 ε 的距离,则与 x_i 的空间距离不大于 ε 的区域就是 x_i 的 ε 邻域。X 中所有落在该区域的样本共同构成 x_i 的子样本集,即

$$N_\varepsilon(x_i) = \{x_k \in X \mid \mathrm{dist}(x_i, x_k) \leqslant \varepsilon\} \tag{4 - 20}$$

其中,$\mathrm{dist}(x_i, x_k)$ 表示样本点 x_i 和 x_k 之间的欧氏距离,$|N_\varepsilon(x_i)|$ 表示 x_i 样本 ε 邻域的样本个数。

(2) 核心对象:对于任意样本 $x_i(x_i \in X)$,若满足 $|N_\varepsilon(x_i)| \geqslant m$,即 x_i 的 ε 邻域中的样本数量不少于 m 个,则 x_i 就可以称为核心对象。

(3) 密度直达:如果 x_i 是一个核心对象,而 $x_k(x_k \in X)$ 在 x_i 的 ε 邻域范围内,那么就可以认定 x_i 可密度直达 x_k。需要注意的是,x_k 虽然可以由 x_i 密度直达,但是 x_k 却不可以密度直达 x_i,这两者是不对称的。

(4) 密度可达:若 X 中的两个样本 x_i 和 x_k 之间存在一条路径 $t_1, t_2, \cdots, t_p$,使得 $x_i = t_1$ 且 $x_k = t_p$,如果该路径满足 t_j 可由 t_{j-1} 密度直达,对任意 $j \in [2, p]$ 都成立,则 x_i 密度可达 x_k。同样,反过来解释 x_k 密度可达 x_i 是不成立的,因为密度可达和密度直达一样是不对称的。

(5) 密度相连:若 X 中的 3 个样本 x_i、x_k 和 x_j,其中 x_i 为已知的核心对象,x_i 既可以密度直达 x_k,也可以密度直达 x_j,那么 x_k 和 x_j 就是密度相连的。这里,反过来解释也是正确的,两个节点在密度相连方面是对称的。

图 4-8 展示了 DBSCAN 聚类的核心思路。假定 $m = 5$,圆圈为核心对象的 ε 邻域,白色圆点为核心对象,虚线箭头为搜索密度可达样本时所走的路径,被同一条箭头相连的且被对应圆圈所圈中的样本点都是密度相连的。DBSCAN 聚类就是通过这样的路径查找方式,找到最大化的密度相连的节点簇。

DBSCAN 聚类的实现方法如下。DBSCAN 属于一种软聚类方式,不需要事先设定应划分为多少个簇。该算法的输入为

① 样本集 $D = \{(CC(n_i), CO(n_i)), n_i \in N_1\}$;

② 邻域参数:ε 邻域半径和最小邻域个数 m。

实现流程如下:

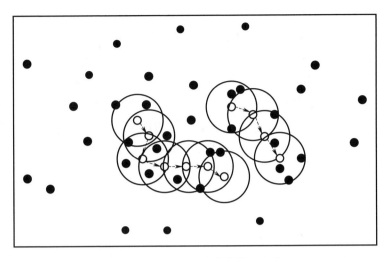

图 4-8　DBSCAN 聚类的核心思路

（1）步骤一:初始化。

① 核心对象集合 $\Omega=\varnothing$;

② 初始簇类个数 $k=0$;

③ 未访问样本集 $\Gamma=D$;

④ 簇划分 $C=\varnothing$。

（2）步骤二:$\forall n_i \in N_1$ 执行以下①和②两步,得到核心对象集合:

① 以样本 n_i 为中心,通过欧氏距离公式规划其 ε 邻域,并获取 ε 子样本集 $N_\varepsilon(n_i)$;

② 若 $|N_\varepsilon(n_i)| \geq m$,表示 n_i 满足核心对象的条件,执行 $\Omega=\Omega \cup \{n_i\}$,将 n_i 加入核心对象集合中。

（3）步骤三:判断 Ω 是否为空,若是,则结束算法;反之,则执行步骤四。

（4）步骤四:在集合 Ω 中随机选择一个核心对象 n_k 执行以下初始操作:

① 借用一个集合 Q 用于存储核心对象,保存中间数据,开始时只有一个元素 n_k;

② 簇类别的序号加 1,即 $k=k+1$;

③ 当前簇样本集 $C_k=\{n_k\}$;

④ 未被访问样本集 $\Gamma=\Gamma-\{n_k\}$。

（5）步骤五:当集合 Q 为空时,C_k 生成完毕,更新簇划分 $C=\{C_1,C_2,\cdots,C_k\}$ 和核心对象集 $\Omega=\Omega-C_k$,跳转到步骤三;如果队列 Q 不为空,则仅更新核心对象集 $\Omega=\Omega-C_k$,跳转到步骤六。

(6) 步骤六：从 Q 中取出元素 n_k'，得到其 ε 邻域子样本集 $N_\varepsilon(n_k')$，从 n_k' 的 ε 邻域获得新样本 $\Delta = N_\varepsilon(n_k') \cap \Gamma$，将 Δ 添加到样本集 C_k 中，即 $\Gamma = \Gamma - \Delta$，更新 $Q = Q \cup (\Delta \cap \Omega) - n_k'$，返回步骤五。

分类判断的目的是根据 $\{C_1, C_2, C_3\}$ 的空间分布情况判断是否有木马簇，并提取木马网表的可疑节点集 S_T。分类判断的思路是，网表中普通节点的可控制性值和可观测性值都很小。木马节点主要分为两类，其一具有较大的可控制性值，其二具有较大的可观测性值。所以，距离原点最近的簇由普通节点组成。通过标准差衡量靠近原点簇的簇内分散程度，设置一个阈值，当簇间最短距离超过阈值时，判断网表中存在木马。

分类判断的具体步骤如下：

(1) 步骤一：找到距离原点最近的簇，标记为 C_1，确定该簇为普通节点簇。簇与原点的距离是指各个簇中心点到原点的距离。按照簇到原点的距离从小到大排序，依次标记为 C_1，C_2，C_3。

(2) 步骤二：计算 C_1 簇内的分散程度。分散程度使用标准差 σ_1 表示；

$$\sigma_1 = \sqrt{\frac{1}{K} \sum_{k=1}^{K} (\|x - \mu\|^2)} \qquad (4-21)$$

其中，K 为当前簇的节点个数，μ 为当前簇的均值。

(3) 步骤三：设置阈值 $T_1 = 3\sigma_1$，计算 C_2 与 C_1 的最短距离 D_{12}。此处最短距离是指不同簇中点与点之间的最短距离。若 $D_{12} > T_1$，则判定 C_2，C_3 簇中的节点都是木马节点，执行步骤五；若 $D_{12} \leq T_1$，执行步骤四。

(4) 步骤四：将 C_1，C_2 判定为普通节点，计算 C_1 和 C_2 总的分散程度，使用标准差 σ_2 表示，设置新阈值为 $T_2 = 3\sigma_2$。计算 C_3 到 C_1，C_2 的最短距离，记为 D_{32}。若 $D_{32} > T_2$，则判定 C_3 簇中的节点为木马节点；若 $D_{32} \leq T_2$，则判定 C_1，C_2，C_3 这 3 个簇中的节点都是普通节点。

(5) 步骤五：将步骤三或步骤四中判定为木马的节点加入可疑节点集 S_T 中，然后判断 S_T 是否为空集，若 $S_T = \varnothing$，则判断该网表为正常网表；若 $S_T \neq \varnothing$，则判断该网表被木马感染。

4.1.3　硬件木马电路修复

在确定网表中带有木马后，可进一步找出木马在网表中的位置并予以修复。在介绍硬件木马修复技术之前，先介绍以下概念。

（1）污染电路

一个带木马的网表可被划分为普通电路和污染电路两类。污染电路由已测木马电路 C_T 和木马感染电路 C_P 组成。已测木马电路 C_T 即由检测方法识别的可疑节点经过修正后构成的电路，其边界分别是木马起始挂载节点集 S_{head} 和木马输出节点集 S_{tail}；木马感染电路 C_P 是所有直接或间接接收 S_{tail} 节点信号的电路。网表区域划分结构如图 4-9 所示。

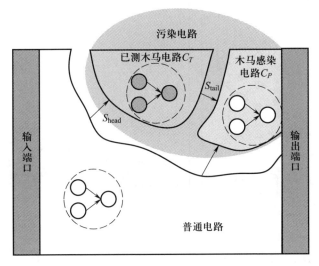

图 4-9　网表区域划分

（2）木马电路起始挂载节点

主电路中的多个节点通过逻辑单元组合成低翻转率的节点信号作为木马触发电路的源头，这些低翻转率的节点称为木马起始挂载节点，组成的集合用 S_{head} 表示，即 $\forall n_i \in S_{head}$，节点集 I_i 为节点 n_i 的输入节点集，即由节点 n_i 对应逻辑单元的所有输入引脚组成。

（3）木马电路输出节点

当一个节点检测为普通节点，但是其输入为木马逻辑时，这个节点信号称为木马电路输出节点，其组成的集合用 S_{tail} 表示。

本节将介绍如何利用已检测到的可疑节点集 S_T 还原出网表污染电路，缩小硬件木马的定位区间，然后精准剔除网表中的硬件木马结构。图 4-10 展示了硬件木马的修复流程图。首先，需要还原网表污染电路。通过这一步定位硬件木马的分布区间，以及木马节点信号的传播路径。在识别木马及感染电路时，可以分为三步：① 根据电路连接特性，对可疑节点集合 S_T 进行修正；② 以网表拓扑信息为基础,还原出木马电路结构;③ 识别出整个网表中会被木马感染的逻辑电路。其次,从网表中剔除硬件木马。在不影响网表正常结构的情况下,完全剔除网表的硬件木马。

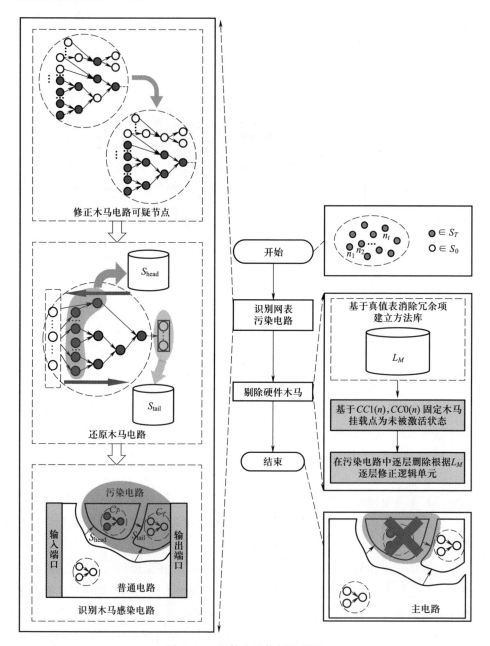

图 4-10　硬件木马修复流程图

1. 修正可疑节点集

这一步的原理是利用网表中信号的传播特性,尽可能地从可疑节点集 S_T 中删除网表中被误判为木马的节点,同时添加可能被漏掉的木马节点到可疑节点集 S_T 中。

遍历节点集 $N_1 = \{n_1, n_2, \cdots, n_M\}$,得到每个节点 $n_i(i \in [1, M])$ 的输入集 I_i 和输出集 O_i。输入集 I_i 和 n_i 分别是某个木马触发逻辑单元的扇入和扇出;n_i 和输出集 O_i 分别是某个木马输出逻辑单元的扇入和扇出。对于节点集 $N_1 = \{n_1, n_2, \cdots, n_M\}$,修正过程如下。

(1) 木马节点的下游节点被划分为正常电路:若一个逻辑单元所有输入信号都来自木马节点,则该逻辑单元一定是木马节点,其输出节点也是木马节点。因此,若 n_m 对应的输入集 I_m,$\exists n_x \in I_m$ 并且 $n_x \in S_T$,则判定 n_m 为木马节点,将 n_m 加入可疑节点集 S_T。

(2) 木马节点的上游节点未被检测:若一个节点 n_m 所有的输出节点都是木马节点,则判定 n_m 为木马节点,并将 n_m 加入可疑节点集 S_T。

(3) 木马节点虚警:若一个节点与之连接的所有节点都是普通节点,则判定 n_m 为普通节点,并将 n_m 移出可疑节点集 S_T。

综上,若假定硬件木马只有一个,则选取互连范围最大的木马节点集并进行修正,修正后集合 S_T 中的任意节点都是互相可达的。

2. 还原木马电路

还原木马电路是识别木马感染电路和剔除硬件木马的重要中间步骤。具体流程如图 4-11 所示。经过该步骤,可得到以下几个重要的集合。

(1) 已测木马电路集 C_T:该集合由逻辑单元组成,可由集合 S_T 中的元素索引。C_T 中的逻辑单元是木马的主要构成成分。

(2) 木马电路的起始挂载点集:该集合中的节点直接与主电路的节点相连,接收来自主电路的信号。S_{head} 可用于后续删除木马电路。

(3) 木马电路输出点集:该集合作为 C_T 的输出边界,可用于后续识别木马感染电路。

3. 识别木马感染电路

识别木马感染电路的算法见算法 4-1,其基本实现思想是采用广度优先遍历,找到已测木马电路的所有下游逻辑单元,得到木马感染电路集 C_P。输入对象为已测木马电路输出节点集 S_{tail} 和有向图 $G = (V, E)$。算法第 1、2 行分别使用空的访问标志集合 V_{set} 和单向队列 Q 存储中间数据;第 3—15 行使用循环遍历 S_{tail} 中的元素,每次抽取一个未被访问的节点,直到全部节点访问完毕。其中,第

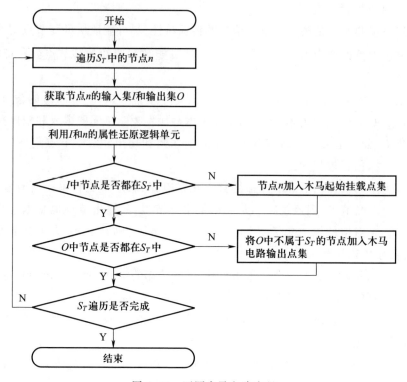

图 4-11　还原木马电路流程

6—9 行查找该节点对应的逻辑单元,并将其添加到木马感染电路集合中,第
10—13 行将该节点的输出节点集加入计算范围。

算法 4-1:识别木马感染电路

Input:S_{tail}, V, E

Output:C_p

1:$V_{\text{set}} \leftarrow \varnothing$

2:$Q \leftarrow \varnothing$

3:for each ($n_i \in S_{\text{tail}}$ and $n_i \notin V_{\text{set}}$) do

4:　　add n_i to V_{set}

5:　　add n_i to Q's tail

6:　　while $Q \neq \varnothing$ do

7:　　　　$n_k \leftarrow$ take out item at Q's top

8:　　　　$c, I_k, O_k \leftarrow$ Find-Cell (n_k)

9： $C_p \leftarrow C_p \cup \{c\}$

10：   for each ($n_j \notin O_k$ and $n_j \notin V_{\text{set}}$) do

11：   add n_j to Q's tail

12：   add n_j to V_{set}

13：   end

14： end

15：end

4.1.4 验证实验与结果

基于门级网表的木马检测算法的测试样本来自 trust-hub 网站,该网站由 Salmani 所在团队维护[9],为硬件安全研究提供了统一的评估标准[10],得到了硬件安全研究人员的广泛认可。

实验中使用到的测试样本为门级网表文件,如表 4-2 所示。

表 4-2　测试样本信息表

测试样本	网表类型	木马触发电路类型	木马触发节点个数	木马有效载荷节点个数	总节点个数
S38417_TjFree	普通网表	—	0	0	4798
RS232_TjFree	普通网表	—	0	0	298
S38417_T100	木马网表	组合逻辑	11	1	5810
S38417_T200	木马网表	组合逻辑	11	4	5802
S38417_T300	木马网表	组合逻辑	11	33	5842
RS232_T1000	木马网表	组合逻辑	10	2	310
RS232_T1100	木马网表	组合逻辑	11	1	310
RS232_T1200	木马网表	时序逻辑	13	1	312
RS232_T1300	木马网表	组合逻辑	7	2	307
RS232_T1400	木马网表	时序逻辑	12	1	311
RS232_T1500	木马网表	时序逻辑	11	2	311
RS232_T1600	木马网表	组合逻辑	7	2	307

续表

测试样本	网表类型	木马触发电路类型	木马触发节点个数	木马有效载荷节点个数	总节点个数
S15850_T100	木马网表	时序逻辑	26	1	2443
S35932_T100	木马网表	组合逻辑	13	2	6420
S35932_T300	木马网表	组合逻辑	12	24	6441
S38584_T200	木马网表	时序逻辑	126	1	7440
S38584_T300	木马网表	时序逻辑	1143	1	8457

下面将实施验证实验,对 K-means 聚类方法与 DBSCAN 方法的实验结果进行对比与讨论。实验中,利用公式(4-22)和公式(4-23)衡量木马节点的检测效果。

$$检出率\ P1 = \frac{N_{TD}}{N_T} \times 100\% \qquad (4-22)$$

$$虚警率\ P2 = \frac{N_{FD}}{N_F} \times 100\% \qquad (4-23)$$

公式(4-22)计算木马节点的检出率,其中,N_{TD} 表示检测正确的木马触发节点个数,N_T 表示测试网表中组成木马触发电路的节点总数。公式(4-23)计算木马节点的虚警率,N_{FD} 表示检测为木马节点的普通节点个数,N_F 表示普通节点总数。

1. K-means 聚类算法的木马检测结果

首先使用 4 个样本作为分析用例,分别为普通样本 S38417_TjFree、RS232_TjFree,木马样本 S38417_T100、RS232_T1000。对这些样本分别讨论其特征提取结果、K-means 聚类结果及分类判断结果,然后统计测试集中 26 个测试样本的实验结果。

图 4-12 为 SCOAP 网表特征提取结果分布图,分别显示了普通节点、输入节点、输出节点、木马触发节点和木马有效载荷节点的可测试性值分布情况,每个离散点表示网表中的一个节点,节点在图中的位置由 $<CC, CO>$ 决定。分析图 4-12,可以得出以下结论:第一,普通样本中节点特征值分布具有两个特点: ① 节点的特征值分布紧密;② 节点主要分布在靠近原点的区域。第二,木马样本中节点特征值分布具有两个特点: ① 木马节点和普通节点并未分布在一起,二者之间存在明显的距离差;② 木马节点远离原点,要么具有较大的可控制性

值,要么具有较大的可观测性值。因此,普通网表和木马网表在节点分布方面存在明显差异,普通节点和木马节点分布区域不同,可以从节点可测试性分析的角度检测出木马节点。

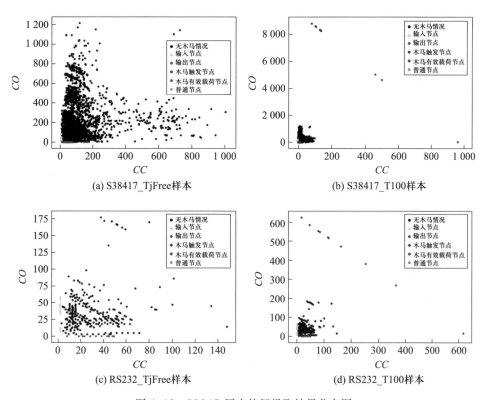

图 4-12 SCOAP 网表特征提取结果分布图

图 4-13 为 K-means 聚类方法划分节点集的实验结果($k=3$)。可以发现,图 4-13(a)和图 4-13(c)无木马样本,其聚类结果虽然划分为 3 个簇,但是簇与簇之间的最短距离非常小甚至为零;图 4-13(b)和图 4-13(d)有木马样本,聚类后靠近原点的簇和其他两个簇之间的距离非常大。因此,可以根据簇间距离判断网表是否带有木马节点。

表 4-3 为经过阈值判断后,测试样本 K-means 检测结果。距离原点最近的簇命名为 $Cluster1$,其他两个簇分别命名为 $Cluster2$ 和 $Cluster3$。在表 4-3 中,阈值 T 表示 $Cluster1$ 的 3 倍标准差 3σ,衡量其分散程度;$dist1$ 表示 $Cluster2$ 到 $Cluster1$ 的最短距离;$dist2$ 表示 $Cluster3$ 到 $Cluster1$ 的最短距离。通过对比阈值 T 和簇间距离的大小,判断测试样本是否为木马网表。第 6 列和第 7 列分别记录了木马触发节点检出率 $P1$ 和虚警率 $P2$。可以看出,该方法能够准确找出被测样

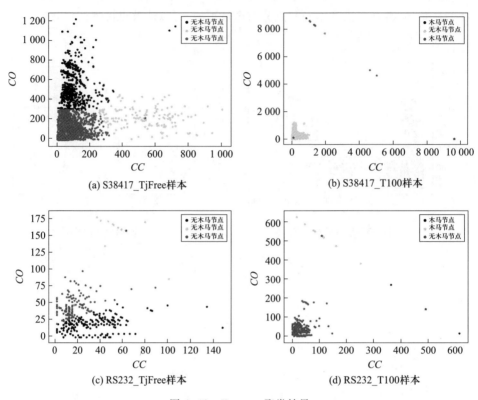

(a) S38417_TjFree样本   (b) S38417_T100样本

(c) RS232_TjFree样本   (d) RS232_T100样本

图 4-13   K-means 聚类结果

例的硬件木马节点。

表 4-3   测试样本 K-means 检测结果

测试样本	阈值 $T = 3\sigma$	$dist1$	$dist2$	是否判断为木马网表	检出率 $P1/\%$	虚警率 $P2/\%$
S38417_TjFree	174.94	0	0	否	—	—
Ethernet_TjFree	1055.03	0	0	否	—	—
RS232_TjFree	54.30	41.07	0	否	—	—
S15850_TjFree	79.89	0	0	否	—	—
S35932_TjFree	72.65	0	39.28	否	—	—
Wb_conmax_TjFree	189.07	0	0	否	—	—
S38417_T100	408.40	8053.70	5340.44	是	100.00	0.00

测试样本	阈值 $T=3\sigma$	$dist1$	$dist2$	是否判断为木马网表	检出率 $P1/\%$	虚警率 $P2/\%$
S38417_T200	185.59	0	2629.59	是	100.00	0.00
S38417_T300	170.45	5079.82	4675.19	是	100.00	0.00
EthernetMAC10GE_T700	1920.84	3370.05	2942.75	是	100.00	0.00
EthernetMAC10GE_T710	1920.95	3406.22	5068.38	是	100.00	0.00
EthernetMAC10GE_T720	1920.84	4370.05	4942.75	是	100.00	0.00
EthernetMAC10GE_T730	1920.84	3082.84	3487.89	是	100.00	0.00
RS232_T1000	83.59	237.82	403.55	是	100.00	0.00
RS232_T1100	84.49	291.06	243.02	是	100.00	0.00
RS232_T1200	82.25	376.80	333.74	是	100.00	0.00
RS232_T1300	81.35	363.93	287.84	是	100.00	0.00
RS232_T1400	81.18	460.95	455.78	是	100.00	0.00
RS232_T1500	84.60	236.20	239.79	是	100.00	0.00
RS232_T1600	63.30	20.92	312.43	是	100.00	0.00
S15850_T100	192.81	5618.07	5629.05	是	96.30	0.20
S35932_T100	72.74	39.28	57.68	是	100.00	0.51
S35932_T300	39.79	2084.86	2165.49	是	100.00	0.00
S38584_T200	9814.39	27043.78	74174.18	是	46.83	0.00
S38584_T300	9984.88	11203.30	46691.58	是	55.56	0.00
wb_conmax_T100	369.01	3705.24	2278.02	是	100.00	0.00

将所有测试样本按木马触发电路分成两类:组合逻辑和时序逻辑,分别计算各自木马触发节点的平均检出率和平均虚警率,统计结果如图 4-14 所示。实验结果表明:针对受测样本,本算法区分木马网表和普通网表的准确率为 100.00%,木马触发节点的平均检出率为 95.16%,普通节点的平均虚警率为 0.03%。

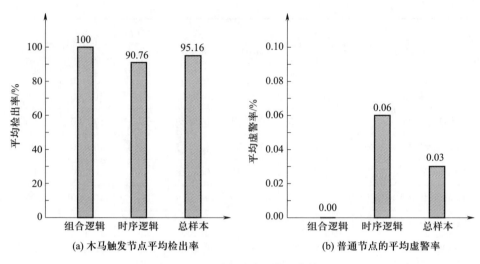

(a) 木马触发节点平均检出率　　　　(b) 普通节点的平均虚警率

图 4-14　基础实验检测结果统计图

2. DBSCAN 聚类算法的木马检测结果

使用 DBSCAN 聚类算法检测木马的实验步骤为:获取网表文件、构建有向图模型、特征提取、DBSCAN 聚类、分类判断及提取可疑节点集。将所有测试样本按木马触发电路分为两类:组合逻辑和时序逻辑,分别计算各自木马触发节点的平均检出率和平均虚警率,统计结果如图 4-15 所示,检测结果如表 4-4 所示。实验结果表明:针对受测样本,本算法区分木马网表和普通网表的准确率为

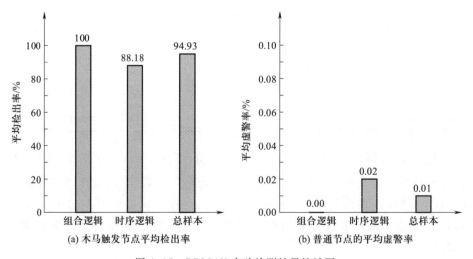

(a) 木马触发节点平均检出率　　　　(b) 普通节点的平均虚警率

图 4-15　DBSCAN 实验检测结果统计图

100%,木马触发节点的平均检出率为 94.93%,普通节点的平均虚警率为 0.01%。

表 4-4 测试样本 DBSCAN 检测结果

测试样本	是否判为木马网表	检出率 $P1/\%$	虚警率 $P2/\%$	测试样本	是否判为木马网表	检出率 $P1/\%$	虚警率 $P2/\%$
S38417_TjFree	否	—	—	RS232_T1000	是	100.00	0.00
Ethernet_TjFree	否	—	—	RS232_T1100	是	100.00	0.00
RS232_TjFree	否	—	—	RS232_T1200	是	86.61	0.00
S15850_TjFree	否	—	—	RS232_T1300	是	100.00	0.00
S35932_TjFree	否	—	—	RS232_T1400	是	83.33	0.00
Wb_conmax_TjFree	否	—	—	RS232_T1500	是	88.88	0.00
S38417_T100	是	100.00	0.00	RS232_T1600	是	100.00	0.00
S38417_T200	是	100.00	0.00	S15850_T100	是	100.00	0.00
S38417_T300	是	100.00	0.00	S35932_T100	是	100.00	0.22
EthernetMAC10GE_T700	是	100.00	0.00	S35932_T300	是	100.00	0.00
EthernetMAC10GE_T710	是	100.00	0.00	S38584_T200	是	62.54	0.00
EthernetMAC10GE_T720	是	100.00	0.00	S38584_T300	是	48.62	0.00
EthernetMAC10GE_T730	是	100.00	0.00	wb_conmax_T100	是	100.00	0.00

从消耗时间的角度对比 K-means 聚类方法和 DBSCAN 聚类方法在硬件木马检测时的优劣,其结果如表 4-5 所示。可以看到不同规模的样本测试数据所消耗的时间,K-means 聚类方法具有明显的优势。这是因为 K-means 聚类方法的时间复杂度为 $O(M)$,而 DBSCAN 聚类方法的时间复杂度为 $O(M^2)$,其中 M 表示测试样本的规模,即逻辑门个数。

表 4-5　时间消耗对比

测试样本	逻辑门个数	K-means 聚类方法消耗时间/s	DBSCAN 聚类方法消耗时间/s
RS232_T1000	310	0.20	1.51
S38417_T100	5810	1.61	350.59

3. 木马感染电路识别实验结果

本实验通过 RS232_T1000 样本检验污染电路的还原效果。表 4-6 记录了 RS232_T1000 的木马信息以及相关节点集。其中,S 表示构成木马触发电路的节点全集,S_P 表示构成木马有效载荷的节点集合,S_T 表示经过可疑节点集修正后的节点集合。

表 4-6　RS232_T1000 的木马信息

集合	节点名称	节点个数
S	iCTRL、iRECEIVER_CTRL、iRECEIVER_bitCell_CTRL、iXMIT_xmit_CTRL、iRECEIVER_N_CTRL_2_、iRECEIVER_N_CTRL_1_、iXMIT_N_CTRL_2_、iRECEIVER_state_CTRL、iXMIT_CRTL、iXMIT_N_CTRL_1_	10
S_P	XMIT_state_1_、xmit_doneH	2
S_T	iCTRL、iRECEIVER_CTRL、iRECEIVER_bitCell_CTRL、iXMIT_xmit_CTRL、iRECEIVER_N_CTRL_2_、iRECEIVER_N_CTRL_1_、iXMIT_N_CTRL_2_、iRECEIVER_state_CTRL、iXMIT_CRTL、iXMIT_N_CTRL_1_	10

从表 4-6 可以发现:$S \subseteq S_T$ 且 $S_T \subseteq (S \cup S_P)$,这是因为木马的有效载荷可以隐藏在普通节点中。有些木马有效载荷在木马未被触发时执行正常的功能,只有在木马触发后才会产生危害,所以无法被认定为木马有效载荷。但是,从木马修复的角度来看,并不需要准确找到木马有效载荷电路,而是可以通过确定木马感染电路,将木马有效载荷电路囊括进去,从而保证硬件木马的搜索范围包含了所有的木马结构。

图 4-16 显示的是一个节点被映射为逻辑单元所需的信息。可以看出,通过网表的十字链表模型,能够找到该节点的输入节点,并被映射为逻辑单元。实验证明:将节点映射为逻辑单元,无须遍历网表文件,其时间复杂度为 $O(1)$。

依次将集合 S_T 中的每个节点映射为逻辑单元,可快速得到木马电路 C_T,如图 4-17 所示。同时,统计不在集合 S_T 中的输出节点,得到木马电路输出集 S_{tail} = {iXMIT_state_1_,xmit_doneH},然后找到 S_{tail} 的所有后续节点,并映射得到对

```
节点：iRECEIVER_CTRL
输入节点：
    iRECEIVER_bitCell_CTRL
    iRECEIVER_N_CTRL_2_
    iRECEIVER_N_CTRL_1_
    iRECEIVER_state_CTRL
输出节点：
    iCTRL
逻辑单元：
    OR4X4  (
        .IN4(iRECEIVER_bitCell_CTRL),
        .IN3(iRECEIVER_N_CTRL_2_),
        .IN2(iRECEIVER_N_CTRL_1_),
        .IN1(iRECEIVER_state_CTRL),
        .Q(iRECEIVER_CTRL)
    );
```

图 4-16　一个节点被映射为逻辑单元

应的逻辑单元，即为木马感染电路 C_P，如图 4-18 所示。

实验结果表明：RS232_T1000 的木马有效载荷节点都包含在集合 C_P 中，且图 4-17 和图 4-18 组成的网表感染电路集 C 包含了硬件木马结构。还原感染电路的时间复杂度为 $O(N)$，其中 N 表示集合 S_T 中的元素个数。

除此之外，还对 RS232 的其他木马网表文件进行了测试，分别统计了还原方法所得到的木马电路节点个数及木马感染电路节点个数，并判断是否覆盖硬件木马结构，结果如表 4-7 所示。实验证明，本方法可以找到木马的挂载点，并成功地还原网表中被感染的电路。

```
ISOLORX8 U302 (.ISO(iRECEIVER_CTRL), .D(iXMIT_CRTL), .Q(iCTRL));
NAND4X1 U295 (.IN2(iXMIT_xmit_ShiftRegH_7_), .IN3(iXMIT_xmit_ShiftRegH_6_), .IN4(iXMIT_xmit_ShiftRegH_5_),
.IN1(iXMIT_N24), .QN(iXMIT_xmit_CTRL));
OR4X4 U301 (.IN4(iRECEIVER_bitCell_CTRL), .IN3(iRECEIVER_N_CTRL_2_), .IN2(iRECEIVER_N_CTRL_1_),
.IN1(iRECEIVER_state_CTRL), .Q(iRECEIVER_CTRL));
OR4X4 U296 (.IN1(state_at_0), .IN4(iXMIT_xmit_CTRL), .IN3(iXMIT_N_CTRL_2_), .IN2(iXMIT_N_CTRL_1_),
.Q(iXMIT_CRTL));
NAND4X1 U294 (.IN1(iXMIT_N28), .IN4(iXMIT_N25), .IN3(iXMIT_N26), .IN2(iXMIT_N27), .QN(iXMIT_N_CTRL_2_));
NAND4X1 U300 (.IN1(iRECEIVER_N18), .IN2(iRECEIVER_N17), .IN3(iRECEIVER_bitCell_cntrH_0_),
.IN4(iRECEIVER_bitCell_cntrH_1_), .QN(iRECEIVER_bitCell_CTRL));
NAND4X1 U293 (.IN4(n246), .IN1(n251), .IN2(n239), .IN3(n242), .QN(iXMIT_N_CTRL_1_));
NAND4X1 U298 (.IN2(iRECEIVER_N27), .IN3(iRECEIVER_N26), .IN4(iRECEIVER_N23), .IN1(iRECEIVER_N28),
.QN(iRECEIVER_N_CTRL_1_));
NAND4X1 U297 (.IN1(iRECEIVER_next_state_2_), .IN4(iRECEIVER_state_2_), .IN3(iRECEIVER_state_1_),
.IN2(iRECEIVER_state_0_), .QN(iRECEIVER_state_CTRL));
NAND4X1 U299 (.IN4(iRECEIVER_N19), .IN3(iRECEIVER_N20), .IN2(iRECEIVER_N21), .IN1(iRECEIVER_N22),
.QN(iRECEIVER_N_CTRL_2_));
```

图 4-17　木马电路还原结果

```
OAI21X2 U3 (.IN2(iXMIT_state_1_), .IN3(n2), .IN1(iXMIT_state_2_), .QN(uart_XMIT_dataH));
AND2X4 U305 (.IN2(iXMIT_state_1_temp), .IN1(iCTRL), .Q(iXMIT_state_1_));
AND2X4 U303 (.IN1(iCTRL), .IN2(xmit_doneH_temp), .Q(xmit_doneH));
```

图 4-18　木马感染电路识别结果

表 4-7   RS232 系列网表的木马电路还原结果

测试样本	木马电路节点个数	木马感染电路节点个数	是否覆盖硬件木马结构
RS232_T1000	10	3	是
RS232_T1100	11	2	是
RS232_T1200	13	1	是
RS232_T1300	7	2	是
RS232_T1400	12	1	是
RS232_T1500	11	3	是
RS232_T1600	7	2	是

4.2   基于信息流跟踪的硬件木马检测技术

本节将介绍基于信息流跟踪的硬件木马检测技术,分为 3 个部分:第一部分介绍基本原理,包括信息流跟踪以及安全验证的基本概念及方法;第二部分介绍具体技术,包括如何判断电路是否安全、如何检测木马电路的功能起始逻辑;第三部分是反推硬件木马触发序列的策略,发现能够激活芯片中木马行为的风险。

4.2.1   基本原理

1. 信息流概述

1976 年,Denning 首次提出了信息流的概念。信息流是指信息的流动和传播,它表示信息之间的一种交互关系。一般而言,如果信息 A 对信息 B 的内容产生影响,则称信息从 A 流向 B。硬件电路行为安全与信息流之间存在着紧密的联系,例如,信息泄露和关键数据被篡改均可体现为信息的非法流动[11]。信息流技术为硬件电路行为建模和安全分析提供了一种有效方案。为硬件设计并生成对应的信息流模型后,根据使用的验证工具不同,硬件信息流安全机制可以分为静态信息流仿真、动态信息流跟踪和形式化信息流安全验证等 3 类,硬件信息流安全机制如图 4-19 所示[12]。

静态信息流仿真方法采用仿真工具,如 Mentor Graphics ModelSim,在给定的测试向量下结合生成的信息流模型,对硬件设计中的信息流进行测试和分析。

静态分析的特点是只能对给定的测试向量进行运行和分析,对于其他测试向量则无法分析,因此,通常采用随机测试或运行大量测试向量的方式来保证准确性。其优势在于生成的信息流模型没有额外的开销,缺点是如果硬件设计规模较大,仿真分析的测试向量覆盖率会减少,从而造成误判。

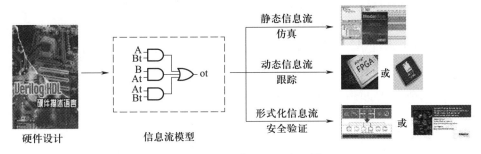

图 4-19   硬件信息流安全机制

　　动态信息流跟踪方法将原始硬件设计与信息流模型一起实现,在硬件平台中对信息流模型实时、动态地监控,从而判断信息流在系统运行过程中是否有违反安全规范的行为,如果发现有害的信息流动则及时进行处理。动态信息流跟踪方法的优点在于可以在实际运行的状态下观察信息如何流动,缺点在于信息流模型与原始电路一起实现造成面积和性能开销增加。

　　形式化信息流安全验证法通过形式化验证工具来捕捉有害的信息流动,从而自动检测符合一定约束条件的信息流。与静态信息流仿真方法相比,该方法测试覆盖率有所提高;与动态信息流跟踪方法相比,可以减少开销。该方法的不足之处是待验证的安全属性通常需要测试者来定义,此外对计算环境(特别是存储器资源)要求很高,个人电脑一般难以满足。

　　数字系统中的逻辑信息流可以分成两类:显式流和隐式流[13]。显式流比较简单,它直接与数据的流动相关,因此,显式流也称为数据流。当信息从源操作数流向目标操作数或者信息从发送方流向接收方时,都会产生显式流。图 4-20 给出了一个显式流示例,信息从 *secret* 端流到 *leak* 端。

TYPE_SECRET   *secret* ;
TYPE_UNCLASSIFIED *leak* ;
leak : = *secret* ;

(a) 显式流代码表示　　　　　　　　(b) 显式流电路举例

图 4-20   显式流示例

隐式信息流由非确定性系统行为(例如条件分支或延迟)引起,相应地,隐式流也可称为控制流。时间流是一种特殊类型的隐式流,它通过与时间相关的行为传输信息,例如可以从操作的时延提取信息。比如,旁路延迟时间攻击可用于从缓存和分支预测器的延迟中提取密钥,高速缓存时间攻击可以通过观察高速缓存命中与未命中之间的延迟差异来获取密钥[14],公共总线中的接收方可以通过总线上的信息流来确定发送方的数据[15]。在图 4-21 中,*secret* 端的最低有效位会通过隐式流泄露到 *leak* 端。图 4-22 则是时间流的例子,当 *secret* 为 0 时,*done* 输出端口立即变为逻辑 1;当 *secret* 为 1 时,触发 *heavy_computation* 模块,*done* 输出端口会延时置为 1。因此,通过观察程序中端口 *done* 的输出值,攻击者可以推断 *secret* 端的值是否为逻辑 1。

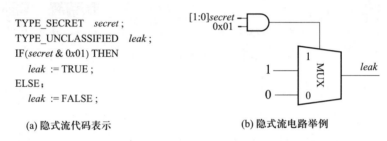

(a) 隐式流代码表示　　　　　　(b) 隐式流电路举例

图 4-21　隐式流示例

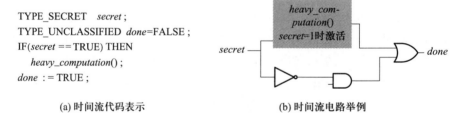

(a) 时间流代码表示　　　　　　(b) 时间流电路举例

图 4-22　特殊的隐式流:时间流示例

Denning 首次在其博士论文中提出了格模型,用来描述信息流的策略。任何一个信息流安全策略都可以使用一个形如 $L = (SC, \subseteq)$ 的安全格来建模。其中 SC 是安全类集,$\subseteq$ 是在安全类集 SC 上定义的偏序关系,规定了不同安全类之间的数据流向,即信息只能在同一安全类内或者向更高级别的安全类流动[16]。

信息流可以模拟与机密性和完整性相关的安全属性。机密性属性要求保密数据不能流向非保密域。假设 X 是保密数据,Y 是非保密数据,当 Y 的值在某种情况下与 X 的值相关,攻击者就可以通过观察和分析信号 Y 的变化来提取敏感信息,因此,需要确保 X 不会流向 Y[17]。完整性属性要求来自不可信域的数据不能对系统的可信域造成影响。假设 X 是不受信任的值,Y 是受信任的,当攻击者通过修改 X 的值在 Y 处获得未经授权的访问时会发生安全威胁,因此,需要确保 X 不能流到 Y[18]。

2. 安全验证方法介绍

安全验证提供了系统的解决方案来检测硬件木马,静态或动态地监控在硬件设计阶段违反安全属性的行为[19]。主要有四类:仿真法、模型检测法、定理证明法与等价性验证法[20]。

（1）仿真法

仿真法是指人为地将大量输入向量输入到电路中,然后比较输出值与期望值,判断设计是否安全[21]。如果输出值与期望值不相同,说明该电路不安全,同时得到能激活木马的特定输入值,即木马触发序列。在该方法中,通过穷举可以获得全部的触发序列,但测试复杂度高,只适用于小型电路。虽然研究人员不断创新测试向量的生成方法来增加得到木马触发序列的概率[22],但随着设计规模越来越大、方法越来越复杂,输入序列空间呈指数倍增加,这不仅极大增加了测试的复杂度,也使得发现木马激活序列的难度大增。因此,基于仿真法判断电路的安全性有很大的漏报风险,也难以准确发现木马的触发序列。

（2）模型检测法

模型检测法是指通过检查系统的有限状态模型是否满足给定规范,以确定电路是否安全。通常情况下,系统模型以离散转换系统（如 Kripke 结构）、定时自动机或混合系统的形式给出,规范则是简单的可达性查询、安全性查询以及时态/模态逻辑形式的公式（如 LTL、CTL 或 μ-微积分）有关的规范,时态或模态逻辑公式可以描述时间（过去和将来）。目前,模型检测法已应用于软件工程、硬件设计及通信协议等方面的安全性分析工作[23]。

当模型检测法应用于硬件设计时,常使用面向硬件描述语言或专用语言的源代码描述系统。这样硬件系统就可以对应为一个有限状态机,即一个包括节点和边的有向图。每个节点包括一组原子命题,表示节点所具有的基本属性,通常说明有哪些元素。节点表示系统的状态,边表示节点间可能的转换。问题在形式上可以这样描述:给定所需的属性（用时态逻辑公式 p 表示）、结构 M 及其初始状态 s,确定在结构 M 中状态 s 满足属性 p。如果 M 是有限的,则模型检测简化为图形搜索。

目前,常见的模型检测技术有以下几种:第一种是显式状态空间检测法,使用搜索技术检查可达状态,搜索空间既包含模型的状态,也包含各状态的属性;

第二种是符号模型检测法,该方法使用二进制决策图的数据结构来存储状态集,可以更有效地遍历状态空间;第三种是边界模型检测法,利用布尔可满足性求解器来检查系统是否满足给定规范[24]。

但模型检测法也存在一些缺点。首先,当系统很大时,模型容易产生状态爆炸;其次,要检验的系统模型是利用某种语言描述的,可能与系统自身行为并不完全符合,两者之间会存在差异,造成一些信息的遗漏,这样就可能会影响检验结果,产生虚警和漏报现象,需要检测人员根据实际情况进一步检查模型检测报告。

（3）定理证明法

定理证明法是通过逻辑和计算方法,用数学语言来表述系统特征,再判断其正确性的方法。与普通的数学定理证明类似,软件、硬件、系统及网络协议等规范的证明也可以使用定理证明法。在实践中,验证硬件或软件系统正确性时需要先用数学语言来对系统进行描述,再判断其正确性。

自动定理证明法是将数学语言描述的系统输入计算机,输出证明结果来表示系统的正确性。自动定理证明法将定理证明的已知条件和证明目标转换为合取范式,通过证明合取范式来实现定理证明。常见的工具有解析定理证明器、Tableau 定理证明器及快速可满足性求解器等。虽然自动定理证明法提供了一个通用的步骤,但使用合取范式来描述系统和规范会让公式变得很长,使得测试复杂度大大增加,从而使自动定理证明法效率下降[25]。

由于自动定理证明法在实际应用中比较复杂,人们提出了交互式定理证明的方法,该方法利用证明助手等软件工具（例如 Coq[26] 或 Isabelle HOL[27]）,通过人机协作来共同完成证明。交互式定理证明法允许人们手动使用形式化语言来证明一个定理,但要求每一个声明都由公理进行了证明,这就提出了很高的要求,因为推理的每条规则和计算的每一步都必须是由先验的定义和定理来证明,而先验的定义和定理最终是由公理证明而来,这需要用户进行大量的手动输入和交互,需要花费较长的时间。

在硬件安全领域,基于定理证明的方法是通过证明一些语句（猜想）是另外一组语句（公理和假设）的逻辑结果,来证明硬件设计的安全性。Drzevitzky 等人提出了基于 PCH（Proof Carrying Hardware）的 Coq 定理证明器,用于验证 HDL 代码的安全性[28]。最初提出的 PCH 本质上是一个基于布尔可满足性 SAT 的组合等价检验工具,用于验证 FPGA 设计文件的可信性[29]。此后,该研究团队又提出了一种新的 PCH 框架,它既可保护一般的 RTL IP 核,也可以保护综合后的 FPGA 比特流。在此框架下,该团队还开发了一种形式化逻辑模型,以便将硬件电路转换为 Coq 证明器可识别的形式。在转换规则约束下,商用 IP 核可从 HDL 转换成带安全属性的形式化电路描述,从而在此基础上完成定理证明。

(4) 等价性验证法

等价性验证是通过数学建模的方法,来证明两种电路设计的表现形式是否具有完全相同的行为。它验证的是设计的一致性,即验证两个设计是否具有相同的功能,因而可以有效发现设计是否被更改。等价性验证属于电子设计自动化的一部分,通常在数字集成电路的开发过程中使用,以判断电路设计的两种表现形式是否表现出完全相同的行为。例如在电路设计中,可以比较两个寄存器在每个时钟下对有效输入信号是否产生完全相同的输出信号;在系统设计中,比较事务级模型(例如用 SystemC 编写的程序)与相应的 RTL 规范是否相同。

一般说来,等价性验证包含 3 个基本步骤:设置、映射和比较。设置阶段的输入包括已验证的正确电路设计、库元素和修改后的设计,这一步的主要目的是读入基本文件并创建数据结构以方便后续的步骤。在映射步骤中,主要是找出设计的关键点,包括主输入输出端口、寄存器输出端口和黑盒输出引脚。最后,比较两个设计的关键点是否等效。如果得到的结果显示电路间不等效,则从更高级的电路描述入手,再次进行等价性验证。Marques-Silva 等人提供了一种利用可满足性求解器来进行等价性验证的方法[30],如果等价性检查器返回 SAT,表示两个电路等价;如果返回 UNSAT,表示两个电路不等价,同时返回使电路间不等价的反例。

等价性验证可以分为逻辑等效性检查和序列等效性检查。逻辑等效性检查查找设计的组合结构,确定两个组合逻辑结构是否表现出相同的行为。但是,如果设计中含有时序相关的操作,则逻辑等效性检查将无法在两个设计间进行映射。序列等效性检查考虑了时序,可以用来验证多个时钟周期内两个设计之间的等效性。但是如果输入大型设计,可能会由于状态爆炸而导致检查失败。

表 4-8 对上述 4 种安全验证方法进行了对比。可以发现,每种方法都有其特点以及局限性。其中,等价性验证法可以通过等价性验证工具快速得到两个设计是否等价的结果,即可判断电路是否安全;如果不安全则等价性验证工具给出一些节点及其取值,表示当这些节点取特定值时会造成电路的安全威胁。通过这些节点和取值,可以进一步反推木马电路的触发序列。本书将介绍如何利用等价性验证方法来进行木马检测,确定木马功能电路的起始逻辑并构建相应的触发序列。

表 4-8　安全验证方法比较

安全验证方法	特点	局限性
仿真法	① 人为地输入测试向量检验电路的安全性 ② 适用于小型电路	① 生成测试向量复杂度高 ② 大型电路木马测试难度大
模型检测法	① 有通用的检测方法 ② 检测效率高	① 电路规模很大时容易发生状态爆炸 ② 建立的数学模型可能与系统自身的模型有偏差,导致检测结果不准确
定理证明法	① 自动定理证明检测小型电路效率高 ② 通过人的参与提高了检测准确率,可以检测大型系统	① 当电路规模变大时,自动定理证明的复杂度增加,效率降低 ② 交互定理证明中输入的每一步都必须准确,否则会影响结果的正确性 ③ 手动输入和交互可能花费大量的时间
等价性验证法	① 通用并且简便 ② 检测效率高	① 逻辑等效性检查无法检测时序电路 ② 序列等效检查可能发生大型电路状态爆炸

4.2.2　基于信息流跟踪的硬件木马检测方法

在讨论基于信息流跟踪的硬件木马检测方法之前,先明确两个定义。① 污点标签。在信息流分析中,每个端口和内部节点都要添加一个标签表示该数据的安全属性,如机密/非机密、可信/不可信等。在本方法中,将为原始电路的每个数据位分配一个标签,这个标签称为该数据位的污点标签。若数据中的信息被污染,将该数据的污点标签置为逻辑 1;若数据中的信息未被污染,则将该数据的污点标签置为逻辑 0。② 木马功能电路的起始逻辑。如前所述,木马电路分为触发逻辑和有效载荷,木马功能电路的起始逻辑指木马有效载荷的起始点。

硬件的安全性与信息的流动存在着紧密的联系,比如信息发生泄露或者关键数据被篡改,均表现为信息的非法流动。基于信息流跟踪检测电路的安全性需要在电路中添加输入端污点标签、阴影逻辑传播单元和输出端污点标签。输出端的标签类型反映了输出数据的安全属性。利用阴影逻辑传播单元可以观察污点的传播过程,并通过分析输入端与输出端污点标签的取值,判断该电路是否存在安全威胁。

图 4-23 给出了一个信息流跟踪基本原理示例。如图所示,原始电路有 4 个

输入和 2 个输出。首先,需要对输入端及输出端添加污点标签,输入端的污点标签为 t_in1、t_in2、t_in3 及 t_in4,输出端的污点标签为 t_out1 及 t_out2;然后,按照构建好的阴影逻辑库,对原始电路逻辑添加污点标签传播单元,即阴影逻辑电路。可以看出,污点标签传播单元既与污点标签有关,也与原始电路有关。这样,当数据在电路中流动时,其污点标签也随之流动。

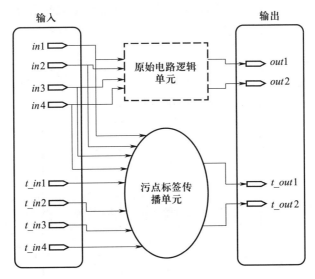

图 4-23 信息流跟踪基本原理示例

如上节所述,信息流可以反映与机密性和完整性相关的安全属性。当考虑信息的机密性属性时,规定机密性属性的输入流不能流到非机密的区域;当考虑信息的完整性属性时,规定不可信的输入流不能流到高完整性的区域。

将机密性与完整性属性对应到污点标签,当检测信息的机密性时,本节所述木马检测方法将具有机密性属性的输入端污点标签设置为"被污染"(即标记为逻辑 1),其余非保密属性的输入端污点标签设置为"未被污染"(即标记为逻辑 0)。然后观察输出端的污点标签,当标签为逻辑 1 时,表明输出数据包含敏感信息,如果该输出端口为非机密性的输出端口,则说明电路可能存在敏感信息的泄露。

当检测信息的完整性时,木马检测方法将具有不可信的输入端污点标签设置为"被污染"(即标记为逻辑 1),其余可信的输入端污点标签设置为"未被污染"(即标记为逻辑 0)。然后观察关键区域的污点标签,当标签为逻辑 1 时,表明被污染的数据流入了该区域,该区域数据可能已经被篡改。

图 4-24 给出了一个利用污点标签检测电路安全性的示例。如图所示,假

设 *in*1 为具有机密性属性的输入端口, *out*2 为非机密属性的输出端口,因此需要将 *in*1 的污点标签 t_in1 设置为逻辑 1,其余端口的污点标签设置为逻辑 0。观察输出端口 *out*2 的污点标签 t_out2 的取值,如果为逻辑 0,说明输出端口 *out*2 的安全属性为非机密性,保密数据没有流到 *out*2 输出端,符合污点标签传播的安全规范,表明电路是安全的;如果为逻辑 1,说明输出端口 *out*2 的安全属性为机密性,保密数据流到 *out*2 输出端,不符合污点标签传播的安全规范,表明发生了机密数据的泄露,电路不安全。

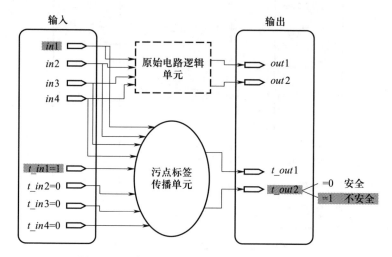

图 4-24   利用污点标签检测电路安全性的示例

1. 阴影逻辑的添加与网表综合

为了便于添加阴影逻辑,通常将原始电路综合成网表电路,然后通过枚举法遍历构成电路网表的所有元器件,并基于各元器件已知的阴影逻辑库完成阴影逻辑的添加操作,其示意图如图 4-25 所示。

为了便于分析,FPGA 网表可以转换为门级网表。当一个电路综合为门级网表时,电路的表示形式由门级元器件和寄存器元器件构成,通过查看综合网表工具的元器件库,可以了解构成电路网表的所有元器件。对于组合逻辑电路,最基本的门级元器件是与门、或门以及非门,所有的组合逻辑都可由这 3 个最基本的元件构成。因此,要构建所有构成电路网表元器件的阴影逻辑,只需要构建与门、或门以及非门的阴影逻辑库即可。对于时序逻辑电路,触发器或锁存器不影响逻辑功能,只影响时序关系,不会改变污点标签的值。

构建阴影逻辑库的原则如下:在信息流中,当信息 *B* 的内容受到信息 *A* 的影响时,认为信息 *A* 流向了信息 *B*。当器件的输出受污点标签为"被污染"的输入影响时,认为该输出含有该被污染输入端的信息。所以,要确定器件对污点值的传播特性,可以在其余输入值不变的条件下,设置某输入端口的污点标签为1,观察器件的输出是否因其改变而变化。

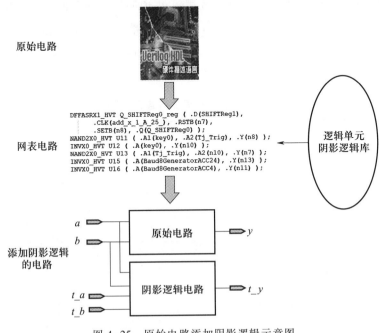

图 4-25 原始电路添加阴影逻辑示意图

（1）与门阴影逻辑的构建

对于一个逻辑与表达式 $f=a\&b$,根据上述原则写出添加污点标签的真值表,如表 4-9 所示。在表 4-9 中,可分为以下几种情况:

① 当输入 a 和 b 的污点标签 t_a 与 t_b 均为 0,即均未受污染时,输出端 f 的污点标签 t_f 一定是未受污染的。

② 当输入 a 和 b 的污点标签 t_a 与 t_b 均为 1,即均受污染时,输出端 f 的污点标签 t_f 一定是受污染的。

③ 当其中只有一个输入的污点标签为受污染的,改变该输入端的值,输出端 f 的值不会发生变化,则输出端 f 的污点标签 t_f 与另一个输入端的污点标签相同。如真值表中的序号 2,输入端 b 的污点标签 t_b 为 1,即被污染,但改变输入端 b 的值,无论如何改变输出端 f 的值均为 0,说明输入端 b 的值对输出端 f 的值没有影响,输入端 b 的信息不会流向输出端 f,则输出端的污点标签 t_f 由输出端 a 的污点标签 t_a 决定,因此输出端的污点标签 t_f 为未被污染,即逻辑 0。

④ 当其中只有一个输入的污点标签为被污染时,改变该输入端的值,输出端 f 的值会因其改变而改变,则输出端 f 的污点标签 t_f 与该输入端的污点标签相同。如真值表中的序号 7,输入端 a 的污点标签 t_a 为 1,即被污染,改变输入端 a 的值,输出端 f 的值由逻辑 0 转成逻辑 1,说明输入端 a 的值对输出端 f 的值存在影响,被污染的信息从输入端 a 流向输出端 f,则输出端的污点标签 t_f 由输入端 a 的污点标签 t_a 决定,因此输出端的污点标签 t_f 为受污染的,即逻辑 1。

表 4-9　二输入与门添加污点标签真值表

序号	a	b	t_a	t_b	f	t_f
1	0	0	0	0	0	0
2	0	0	0	1	0	0
3	0	0	1	0	0	0
4	0	0	1	1	0	1
5	0	1	0	0	0	0
6	0	1	0	1	0	0
7	0	1	1	0	0	1
8	0	1	1	1	0	1
9	1	0	0	0	0	0
10	1	0	0	1	0	1
11	1	0	1	0	0	0
12	1	0	1	1	0	1
13	1	1	0	0	1	0
14	1	1	0	1	1	1
15	1	1	1	0	1	1
16	1	1	1	1	1	1

根据真值表,可以得到与门的阴影逻辑表达式 $t\_f = a\&t\_b | t\_a\&b | t\_a\&t\_b$,这样就完成了与门阴影逻辑的构建。与门阴影逻辑的构建示意图如图 4-26 所示。

（2）或门阴影逻辑的构建

对于一个逻辑或表达式 $f = a | b$,写出添加污点标签的真值表,如表 4-10 所

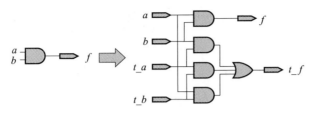

图 4-26　与门阴影逻辑的构建示意图

示。根据真值表,可推导出或门阴影逻辑表达式 $t\_f=(\sim a)\&t\_b|t\_a\&(\sim b)|t\_a\&t\_b$,这样就完成了或门阴影逻辑的构建。或门阴影逻辑的构建示意图如图 4-27 所示。

表 4-10　二输入或门添加污点标签真值表

序号	a	b	t_a	t_b	f	t_f
1	0	0	0	0	0	0
2	0	0	0	1	0	1
3	0	0	1	0	0	1
4	0	0	1	1	0	1
5	0	1	0	0	1	0
6	0	1	0	1	1	1
7	0	1	1	0	1	0
8	0	1	1	1	1	1
9	1	0	0	0	1	0
10	1	0	0	1	1	0
11	1	0	1	0	1	1
12	1	0	1	1	1	1
13	1	1	0	0	1	0
14	1	1	0	1	1	0
15	1	1	1	0	1	0
16	1	1	1	1	1	1

（3）非门阴影逻辑的构建

对于一个逻辑非表达式 $f=\sim a$,写出添加污点标签的真值表,如表 4-11 所示。根据真值表,可以得出非门阴影逻辑表达式 $t\_f=t\_a$,这样就完成了非门阴

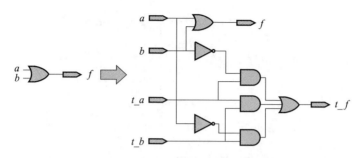

图 4-27　或门阴影逻辑的构建示意图

影逻辑的构建。非门阴影逻辑的构建示意图如图 4-28 所示。

表 4-11　二输入非门添加污点标签真值表

序号	a	t_a	f	t_f
1	0	0	1	1
2	0	1	1	1
3	1	0	0	0
4	1	1	0	0

图 4-28　非门阴影逻辑的构建示意图

在基本逻辑门与门、或门和非门的基础上,就可以扩展其他逻辑操作,构造更复杂的功能单元的阴影逻辑,以填充阴影逻辑库。构建阴影逻辑库原理示意图如图 4-29 所示。具体步骤如下:① 将复杂的单元表达式转换为由与门、或门和非门构成的表达式;② 利用已知的与门、或门和非门的阴影逻辑表达式构造复杂逻辑单元的阴影逻辑表达式;③ 将构造出的逻辑表达式添加到由与门、或门和非门构成的初始阴影逻辑库中;④ 再次进行其他复杂逻辑的阴影逻辑构造时,可转换为已有阴影逻辑库中元件所构成的表达式,利用已有的阴影逻辑库构造当前逻辑元件的阴影逻辑表达式,最后将所构造的逻辑表达式加入已有的阴影逻辑库。

2. 网表分级

得到添加阴影逻辑的电路后,根据信息流跟踪的方法原理,可以直接进行下一步的安全验证。但对于原始电路逻辑较大的情况,信息流跟踪的方法可能会产生两个问题:① 生成带有阴影逻辑电路的耗时较长;② 运用形式化验证工具

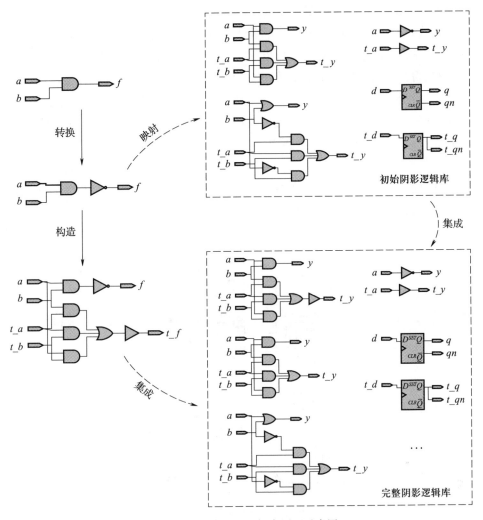

图 4-29 构建阴影逻辑库原理示意图

进行木马检测时,高复杂度电路由于状态爆炸问题,导致实验时间剧增甚至无法实现。

为了解决上述问题,可以对网表进行分级,将大规模网表切割为小网表再逐一处理。首先,在切割之前对网表进行分析,针对要检测的输出端口,只对影响该端口的电路进行阴影逻辑扩展,从而可以减小生成阴影逻辑电路的复杂度和安全验证所需的时间。其次,在阴影逻辑添加之后,将相关电路按照"逻辑锥"进行切分。逻辑锥是指多个触发器(含输入输出端口)之间的组合逻辑电路。

3. 形式化验证判断电路的安全性

形式化验证判断电路的安全性,首先需要分析硬件设计应该满足的安全属性,如机密性、完整性等,建立集成电路设计的安全属性库;其次,为电路添加阴影逻辑,得到带有阴影逻辑的电路,并对大规模电路进行分级;再次,实现安全属性向阴影逻辑电路的映射,主要包括信号安全等级的划分和安全属性标签的实例化,即根据需求将污点标签设置为逻辑 1 或逻辑 0;最后,采用形式化验证工具判断在添加了阴影逻辑的电路中,输出端污点标签的取值是否符合污点标签的传播策略。如果符合,则验证成功;如果不符合,则验证失败,说明电路存在安全威胁,同时形式化验证工具会给出使其验证失败的反例。形式化验证判断电路安全性的流程图如图 4-30 所示。

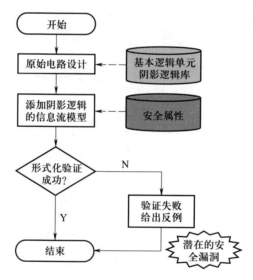

图 4-30　形式化验证判断电路安全性流程图

形式化验证工具有多种,这里以 Synopsys 公司的 formality 工具为例进行说明。formality 工具基于等价性检测原理,可发现开发过程中引入的设计变化。图 4-31 给出了使用 formality 工具进行等价性验证的流程图,使用步骤如下。

(1) 预处理。利用 formality 读入一个参考设计文件和一个待验证设计文件,并将其细化为可以进行等价性检测的逻辑表达形式;同时,在参考设计文件和待验证设计文件中建立相应的比较点和逻辑锥。

(2) 匹配。匹配是将参考设计文件与待验证设计文件进行映射,在两个设计之间找出对应的信号。formality 将待验证设计文件中的每个主输出、顺序元素、黑盒(如 RAM、ROM 及模拟电路等)输入引脚和网络与参考设计中相应的对

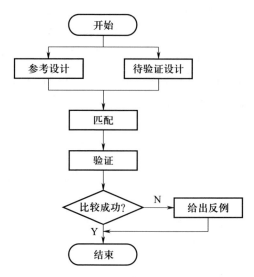

图 4-31 formality 等价性验证流程图

象进行匹配。比较点的匹配是将两个文件设计中相同的对象名称进行匹配,若对象名称不相同,formality 将会自动匹配这些比较点。如果自动匹配方法失败,设计者可尝试手动进行处理。通常情况下,具有一对一的关系是参考文件和待验证文件能匹配成功的先决条件。但是,待验证的设计中可能存在额外的主输出或者寄存器,如果比较点在验证时没有验证失败,formality 形式化验证工具仍然可以继续进行等价性检测并给出相应的结果。

（3）验证。验证的目的是检测待验证设计和参考设计之间的逻辑锥是否满足一致性。当验证成功时,formality 工具会显示"验证成功";当验证失败时,formality 工具会显示"验证失败",并给出使其验证失败的反例。反例是待验证设计比较点及其取值,当待验证设计的节点为反例给出的取值时,待验证设计与参考设计不等价。

利用 formality 形式化验证工具,可以检测文件是否被硬件木马感染。本节首先根据硬件木马在网表中的不同结构形式,对木马进行分类讨论;然后,阐述各种结构木马的检测情况,以说明形式化验证技术能够在复杂度较低的情况下判断电路的安全性。

总的来说,待检测的硬件木马可以分为以下两种类型:第一种类型是木马电路有单独的输出端口,第二种类型是木马电路和正常电路共用一个输出端口。注意:信息流检测技术对信息泄露型硬件木马有效,因此本节讨论的硬件木马一定有显式或者隐式的输出端口。

（1）类型一：木马电路有单独的输出端口（显式输出）。某一端口信息通过一个多路选择器发生泄露，即只有当触发木马时，木马的负载部分才表现为某些异常行为，使端口信息发生泄露。电路示意图如图 4-32 所示，在这种结构中，输入端口 key 直接通过异或门连接到输出端口 load。木马未被激活时，输出 load 是一系列无序的数据；而木马激活后，输出 load 等于输入 key 的值。

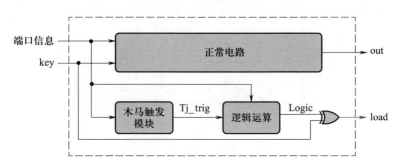

图 4-32　某一端口信息通过异或门直接泄露到输出端示意图

此外，该类型木马有另外一种结构（如图 4-33 所示）。out 输出端表示正常电路的输出端口，load 输出端表示木马电路的输出端口，当木马触发模块的输出 Tj_trig 为 0 时，Logic 被置为低电平，经过一系列逻辑运算输出到 load 输出端口；当木马触发模块的输出 Tj_trig 为 1 时，输入端口 key 经过一系列逻辑运算输出到 load 输出端口。为了便于区分，本书将图 4-32 中的木马称为类型一（a），图 4-33 中的木马称为类型一（b）。

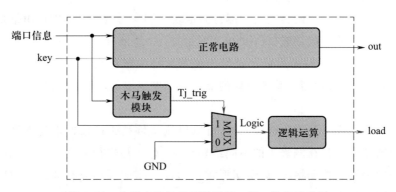

图 4-33　木马电路触发后泄露某一端口信息示意图

（2）类型二：木马电路和正常电路复用同一个输出端口（隐式输出）。电路示意图如图 4-34 所示，当木马未被触发时，触发模块的输出信号 Tj_trig 为 0，cypher 输出端输出正常电路的信息；当木马被触发时，触发模块的输出 Tj_trig 为

1,cypher 输出端泄露密钥 key 的信息。

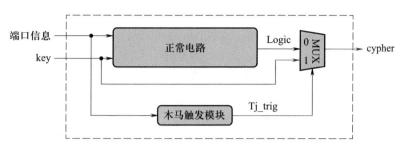

图 4-34　电路的木马电路与正常电路流向同一输出端口示意图

　　利用 formality 形式化验证工具进行电路安全性的判断,首先要得到参考文件和待验证文件作为 formality 工具的输入,之后的匹配和验证都可以交给形式化验证工具来完成,然后分析 formality 形式化验证工具给出的结果,来判断电路是否安全。

　　在本小节中,输入形式化验证工具中的参考文件和待验证文件均为添加阴影逻辑后的电路文件。为电路的输入端添加安全属性,并将相应的污点标签赋值,这样划分输入端口的安全属性并将污点标签实例化后,得到的文件就是参考文件。

　　在污点标签的实例化中,可将具有机密性属性或非完整性属性端口的污点标签设置为逻辑 1,同时规定具有机密属性的数据不能流向非机密区域,来自不可信域的数据不能对系统的可信计算环境造成影响。因此,将待验证文件对应的输出端的污点标签设置为逻辑 0,通过观察参考文件和待验证文件是否一致来判断电路的安全性。具体来说,分析 formality 形式化验证工具给出的结果,如果两个文件一致,说明待验证文件相应输出端的污点标签为逻辑 0 是始终成立的,具有机密性属性或非完整性属性端口的信息没有在该输出端口发生泄露,证明电路是安全的;如果验证失败,说明待验证文件相应输出端的污点标签可能为逻辑 1,具有机密性属性或非完整性属性端口的信息在某一条件下会在该输出端口发生泄露,证明电路不安全。当 formality 工具给出验证失败的结果后,同时会产生验证失败的反例,从而可以知道要使得被检测输出端的污点标签为逻辑 1 时,该输出端所在逻辑锥的输入取值。

　　图 4-35 给出了一个验证过程及结果分析示意图,参考文件和待验证文件在相同端口和同一级逻辑锥进行匹配,在验证过程中判断参考文件和待验证文件匹配的逻辑锥是否等价。

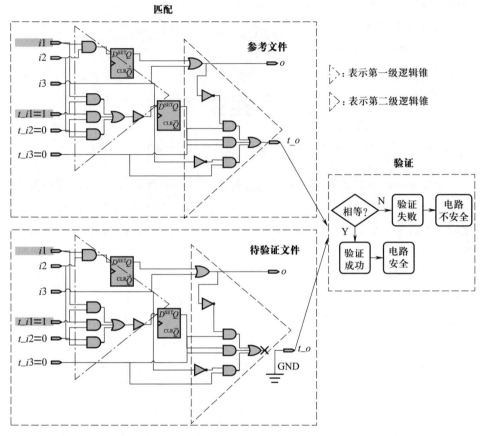

图 4-35　验证过程及结果分析示意图

4. 检测木马功能电路起始逻辑的位置

一个硬件木马电路可分为木马触发部分和有效载荷部分,本节将木马触发部分的输出即载荷部分的输入称为木马的功能电路起始逻辑,即图 4-36 中的 Tj_trig 信号。

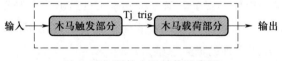

图 4-36　硬件木马结构示意图

检测木马功能电路起始逻辑的流程图如图 4-37 所示。首先,提取形式化验证产生的反例中内部寄存器输出节点的污点标签及其取值;然后,由该寄存器的输出反向推导得到其输入的取值,对输入部分的组合逻辑进行形式化验证。如果得到的反例仍与污点标签的取值相关,则继续进行形式化验证,直到检测到当原始电路的某一节点为一特定值时为止。此时,输出端口的污点标签为逻辑1,且与其余内部节点的污点标签的取值无关。

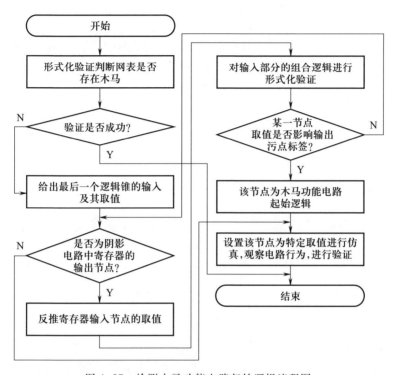

图 4-37 检测木马功能电路起始逻辑流程图

接下来以图 4-38 电路为例说明木马功能电路起始逻辑的检测方法。在该电路中,设输入端口 *rk* 具有机密性属性,当 Tj_trig 信号被触发(Tj_trig 信号为1),电路会泄露输入端口 *rk* 的信息;当 Tj_trig 信号没有被触发(Tj_trig 信号为0),电路输出仅与不具有机密性属性的输入端口 *state* 相关。

利用本书介绍的网表分级方法,可以将该电路分为三级,划分后的结果如图4-39 所示。分级后对网表的安全性进行检测,主要步骤如下:

(1)第一步:检测最后一级的输入及其取值。使用形式化验证工具对输出端 *SHReg* 的污点标签 *t_SHReg* 所在的最后一级进行检测,验证失败,给出的反例表明当 t_Q_SHReg 为 1 时,输出端 *SHReg* 的污点标签 *t_SHReg* 的值为 1,电路不安全,如图 4-40 所示。

(2)第二步:由寄存器输出反推寄存器输入取值。得到最后一个逻辑锥的

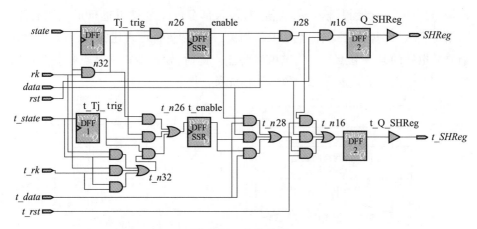

图 4-38　电路举例

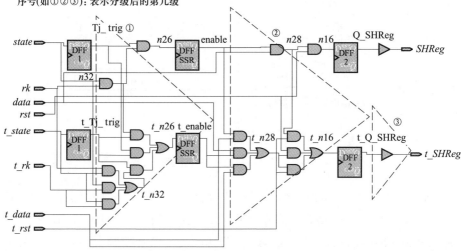

图 4-39　电路网表分级

输入为寄存器的输出时,需要由此推导出使该值成立的寄存器输入取值。对于该电路来说,得到 t_Q_SHReg 的取值必为 1,则寄存器 DFF2 输入端口 t_n16 的取值必为 1,如图 4-41 所示。

（3）第三步:对每一级的组合逻辑进行形式化验证,直到检测到木马的功能电路起始逻辑。得到 t_n16 的取值为 1 后,对于 t_n16 所在的第二级组合逻辑进行形式化验证,得到使 t_n16 取值为 1 的节点及其取值。对于该电路,要使

t_n16 的取值为 1，t_enable 的取值必为 1，如图 4-42 所示。再由寄存器输出反推到寄存器输入，可得到 DFFSR 寄存器输入端口的取值也必为 1，即t_n26 的取值必为 1，如图 4-43 所示。

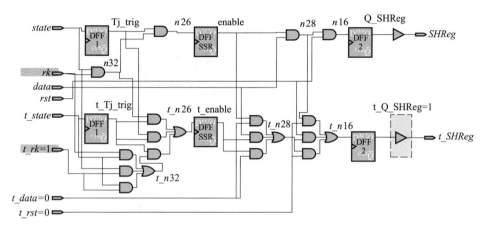

图 4-40　电路第三级形式化验证结果

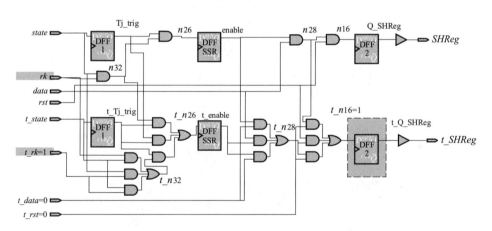

图 4-41　DFF2 寄存器由输出反推输入

得到 t_n26 的取值为 1 后，对于 t_n26 所在第一级的组合逻辑进行形式化验证，可得到当 Tj_trig 为 1 时，DFFSR 寄存器输入端口 t_n26 的取值才为 1。至此，得到原始电路中某一节点必须为特定值，即 Tj_trig 必为 1 时，才可使输出端口的污点标签 t_SHReg 的值为 1，即电路才可能发生信息泄露。因此，判断 Tj_trig 为木马功能电路起始逻辑，其取值为 1。电路第一级形式化验证结果如图 4-44 所示。

（4）第四步：仿真验证。对带有阴影逻辑的原始电路进行仿真验证，可观察

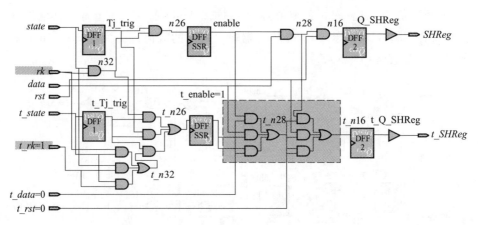

图 4-42 电路第二级形式化验证结果

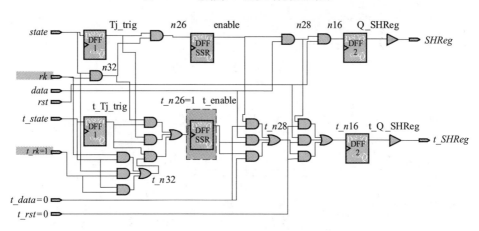

图 4-43 DFFSR 寄存器由输出反推输入

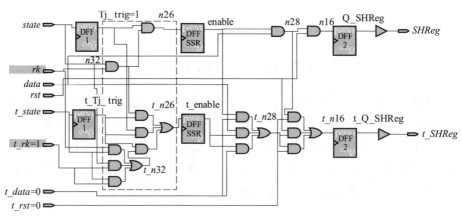

图 4-44 电路第一级形式化验证结果

到经过一定时间的传播,输出端口的污点标签 *t_SHReg*1 变为 1,因此该端口存在信息泄露。进一步,当 Tj_trig 为 1 时触发木马,若在某个时序将 *rk* 输入端口置为 1,则可发现在下一个时序输出端口 *SHReg*1 变为 1,说明输出端口 *SHReg*1 泄露 *rk* 输入端口的信息。电路仿真结果如图 4-45 所示。

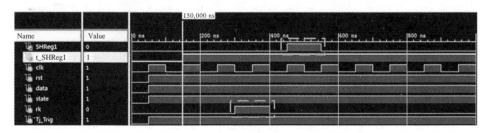

图 4-45　电路仿真结果

对类型二的隐式输出型木马,木马电路和正常电路均流向同一个输出端口。在这种情况下,当形式化验证结果表明存在两条路径,其中一条路径满足在一定条件下会有端口信息直接发生泄露,则对这条路径进行网表分级操作,之后按照上述 4 个步骤,也可以检测出木马的功能电路起始逻辑及其取值。

5. 信息流跟踪检测硬件木马实验验证

本节实验依然采用来自 trust-hub 网站的样本[9,10]。同时,本节还对以下 3 个样本进行了测试:① addr_leak。该样本是一个超前进位加法器,有两个输出端口,一个端口输出两数相加之和,另一个端口在正常情况下输出逻辑 0,触发木马信号 tr 后则输出两数相加的进位值。② aes_leak。该样本是一个 aes 加密算法,正常情况下电路输出加密算法的密文,当木马信号 tr 触发后,输出加密算法内部的一根信号线的信息。③ uart_leak。该样本是一个串口通信电路,共有 4 个输出端口:一个端口代表发送端输出数据传向接收端,一个端口用来表示发送端发送数据成功,一个端口用来表示接收端接收数据成功,最后一个端口正常情况下输出 0,木马信号 tr 触发后泄露电路内部一根信号线的信息。

(1) 网表分级测试

对电路进行网表分级,主要是面向大规模电路解决两个问题:一是避免生成阴影逻辑电路的时间过长,二是避免运用形式化验证工具进行木马检测时耗费时间过长。本节对测试样本有无分级进行了对比测试,具体结果见表 4-12。

表 4-12   样本电路有无分级测试时间的对比

序号	测试样本	木马分类	有分级测试时间			无分级测试时间/min
			分级级数	分级耗时/min	测试耗时/s	
1	AES-T100	类型一(a)	3	3	68	×
2	AES-T1000	类型一(a)	4	3	68	×
3	AES-T1100	类型一(a)	5	3	68.3	×
4	AES-T1200	类型一(a)	5	3	68.3	×
5	AES-T200	类型一(a)	3	3	67.8	×
6	AES-T700	类型一(a)	4	3	68	×
7	AES-T800	类型一(a)	5	3	68.5	×
8	AES-T900	类型一(a)	5	3	68	×
9	AES-T2200	类型一(b)	5	8	76	×
10	AES-T1600	类型一(b)	5	5	92	×
11	AES-T1700	类型一(b)	3	5	91.4	×
12	AES-T400	类型一(b)	4	5	91.4	×
13	s35932-T100	类型一(b)	420	150	5400	768
14	s38584-T200	类型一(b)	404	150	4320	738
15	s38584-T300	类型一(b)	404	150	4320	738
16	addr_leak	类型一(b)	3	3.4	42	6
17	aes_leak	类型一(b)	4	5	56	16
18	uart_leak	类型一(b)	8	9	74	15
19	RSA-T100	类型二	2	5	94	12
20	RSA-T300	类型二	2	5	93	12

由表 4-12 可知:① 对于 AES 电路(序号 1—12),如果不采用网表分级的方法,无法进行电路安全性判断和木马功能电路起始逻辑检测,这是因为形式化验证工具无法直接读入较大的电路文件,软件无法正常工作;② 对于其他电路测试样本(序号 13—20),如果无分级则会花费大量的测试时间,而采用网表分级方法可以大大降低测试时间。由此可见,网表分级方法是必要且有效的。

(2)电路安全性检测

下面检验形式化验证方法判断电路安全性是否有效,检验结果如表 4-13

所示。可以看出：① 对于序号 1—5 的木马电路,信息流跟踪方法和 SCOAP 方法均可以检测出硬件木马;② 对于序号 6 的木马电路,SCOAP 方法无法检测信息泄露型硬件木马,而利用信息流跟踪方法可以检测到,这是由于该木马触发电路的挂载点并非全部为低翻转率信号线,这使得 SCOAP 特征聚类失败;③ 对于序号 7 的木马电路,信息流跟踪方法失效,这是因为信息流检测法无法检测性能降低型的木马,因为这种类型的木马触发与否均不影响输出端口的污点标签。

表 4-13　检测样本电路的安全性结果

序号	测试样本	木马类型	木马行为描述	SCOAP	信息流跟踪方法
1	s35932_T100	功能改变型+信息泄露型	输出引脚泄露内部信号	√	√
2	s38584_T200	功能改变型+信息泄露型	输出引脚泄露内部信号	√	√
3	s38584_T300	功能改变型+信息泄露型	输出引脚泄露内部信号	√	√
4	addr_leak	信息泄露型	某一输出端口泄露内部信号	√	√
5	aes_leak	信息泄露型	某一输出端口泄露内部信号	√	√
6	uart_leak	信息泄露型	某一输出端口泄露内部信号	×	√
7	s35932_T300	性能降低型	通过环形振荡器使路径变慢	√	×

（3）木马功能电路起始逻辑检测实验结果

这里针对测试样本进行木马功能电路起始逻辑的检测,以验证检测木马功能电路起始逻辑方法的有效性。实验结果如表 4-14 所示。表中"×"表示无法检测到,"√"表示可以检测到,"—"表示没有检测木马功能电路起始逻辑。可以看出:① 本节提到的方法对类型一(b)和类型二的硬件木马始终有效,能成功检测木马功能电路起始逻辑;② 本节的方法对于木马分类属于类型一(a)的木马电路(序号 1—8),无法检测到木马的功能电路起始逻辑,因为该类型木马电路密钥端口信息始终处于泄露状态(无序输出或有序输出),与是否触发木马无关。

表 4-14　检测样本木马电路起始逻辑位置及其取值

序号	测试样本	木马分类	是否检测到木马功能电路起始逻辑的位置	检测木马功能电路起始逻辑时间/s	检测到的木马功能电路起始逻辑及其取值
1	AES-T100	类型一(a)	×	17.0	——
2	AES-T1200	类型一(a)	×	17.3	——
3	AES-T800	类型一(a)	×	17.5	——
4	AES-T900	类型一(a)	×	17.0	——
5	AES-T2200	类型一(b)	√	5.0	Tj_trig 为 1
6	AES-T1600	类型一(b)	√	12.0	Tj_trig 为 1
7	uart_leak	类型一(b)	√	22.0	tr 为 4'b1111
8	RSA-T100	类型二	√	25.0	当明文为 32'h44444444 时,密钥泄露
9	RSA-T300	类型二	√	22.0	当计数器为 32'h00000 002 时,密钥泄露

4.2.3　硬件木马触发序列反推策略

在本节中,通过检测到的木马功能电路起始逻辑,利用形式化验证工具在验证失败后会给出反例的特性,对原始电路进行反向推导,得到木马电路的触发序列。由于本节拟检测出全部可以使木马激活的序列,因此对反推操作的运行效率有更高的要求。为了实现这个目标,在上一节检测方法的基础上进行以下优化:

(1)对网表分级的方法进行优化。第一步,采用前述网表分级的方法对输入文件分级,避免导入文件的处理时间过长或者无法处理;第二步,将第一步操作之后的分级网表,多级合并为一级,降低构建触发序列的时间复杂度。

(2)将时序逻辑组合化。避开利用 formality 形式化验证工具进行反推时的缺陷,即反例只能检测到最后一个逻辑锥的输入。通过此步骤,可以回溯以构建触发序列。

(3)对每一级的结果进行验证,确保每一步都推导出了该级全部的输入序列;如果验证成功,则继续向前一级推导,否则再次进行分级,以得到全部触发序列。至此,可得到使木马激活的全部触发序列,即电路主输入的序列。

基于形式化验证构建触发序列流程图如图 4-46 所示。

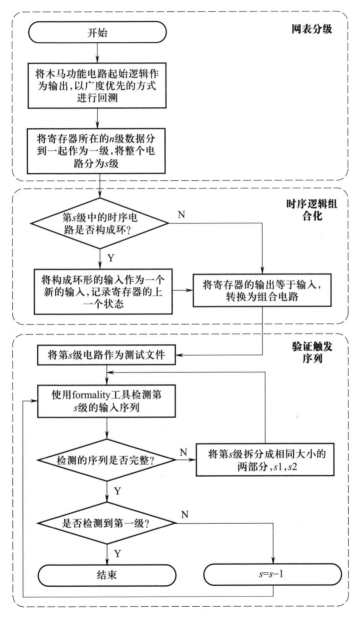

图 4-46 基于形式化验证构建触发序列流程图

1. 网表分级优化

前文为了准确检测木马功能电路的起始逻辑,将一个逻辑锥分为一级网表逐级进行分析,否则可能无法检测到木马功能电路起始逻辑。这里为了检测电路的触发序列,即检测电路的输入端口,对网表分级的方法进行了一些优化,从检测到的木马功能电路起始逻辑开始回溯,将之前划分的 n 级数据分到一起作为一级,将电路从木马功能电路起始逻辑到电路的主输入分为 s 级。

这样处理有两个好处:① 对于复杂度较高的电路,可降低触发序列构建的时间,将多个逻辑锥划分为一级,构造参考文件和待验证文件的时间也将大幅缩短。这里,具体将多少个逻辑锥划分为一级是由设计者定义的。② 对于复杂度较低的电路,网表分级优化后可以将检测到的功能电路起始逻辑回溯到电路的主输入并将其划分为一级,以减少构建触发序列的时间复杂度。

2. 时序逻辑组合化

在网表分级的优化步骤之后,会将多个逻辑锥划分为一级,要想利用formality 形式化验证工具反推出这一级的输出序列,需要避开形式化验证工具进行反推时的缺陷,将时序逻辑转换为组合逻辑,将比较点取消,使之前的多个逻辑锥变为一个逻辑锥,从而在此基础上利用 formality 形式化验证工具回溯,直至构建出触发序列。时序逻辑组合化需要将时序逻辑分为以下两种情况讨论。

(1)该时序逻辑电路在网表分级优化后的一级中没有构成环。因为formality 形式化验证工具只检测功能的等效性,与时序无关,因此在这种情况下,直接忽略时序条件,将时序逻辑表达式转变为组合逻辑表达式,即可实现时序逻辑的组合化。

(2)该时序逻辑电路在网表分级优化后的一级中构成环。在这种情况下首先需要去除环路,否则组合逻辑电路会有问题,时序逻辑构成环路主要是将上一个时序的状态进行运算,因此这里提出的时序逻辑组合化方法就是将环断开,重新构建一个新的输入来代替之前构成环的输入,以此来表示寄存器的上一个状态;然后忽略时序条件,将时序逻辑表达式转变为组合逻辑表达式,实现时序逻辑的组合化。

这里讨论的前提是时序逻辑组合化前后的电路功能一致。在网表电路中,组合逻辑电路由最基本的门级例如与门、或门及非门等组合逻辑元件构成,时序逻辑电路的输出表达式可以写为组合逻辑的与非-与非或者与或的形式,并且添加了时序关系。因此,若只考虑电路功能,可以忽略时序关系,将时序逻辑电路转换为组合逻辑电路。例如,在如图 4-47 所示的逻辑电路中,寄存器 DFF3没有构成环路,寄存器 DFF4 构成环路则需要构建一个新的输入来代替之前环的输入,按照本节讨论的时序逻辑组合化方法变换之后,电路前后的组合逻辑功能没有发生变化。

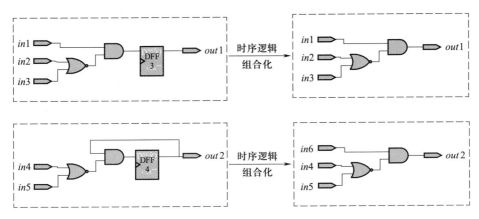

图 4-47　时序逻辑组合化方法前后功能电路示意图

3. 验证触发序列的完整性

经过网表分级优化与时序逻辑组合化之后,为了使每一级都得到完整的输出序列,以便最后得到完整的触发序列,需要对每一级的结果进行验证。验证触发序列完整性的流程图如图 4-48 所示。

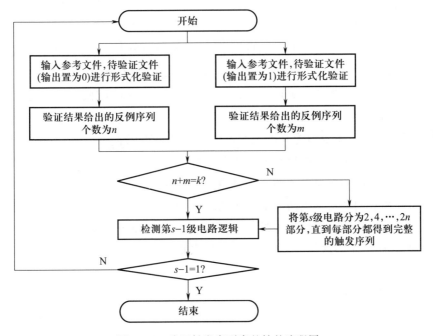

图 4-48　验证触发序列完整性的流程图

具体方法说明如下:

（1）在待验证文件中,将网表分级优化后的一级电路输出置为逻辑 0,通过形式化验证工具进行验证,记录所给反例的序列个数,记为 n。

（2）在待验证文件中,将网表分级优化后的一级电路输出置为逻辑 1,通过形式化验证工具进行验证,记录所给反例的序列个数,记为 m。

（3）计算该级电路输入序列全序列的个数,记为 k,判断第一次验证给出的序列数与第二次验证给出的序列数之和是否为输入序列的全序列数,即判断 n 与 m 之和是否等于 k,因此有两种情况:① $n+m=k$,在这种情况下,说明形式化验证工具给出了这一级完整的输入序列,因此,可以继续反推上一级的输入序列。② $n+m\neq k$,在这种情况下,说明形式化验证工具没有给出这一级完整的输入序列,因此,需要将这一级分为电路规模近似的两个部分,分别对这两个部分进行输入序列的检测,并验证每一部分得到的输入序列是否完整。如果完整,继续反推上一级的输入序列;如果不完整,则将这个多级的网表再分为两个部分,重复上述步骤,直到检测出完整的输入序列。

（4）按照上述步骤,当反推至网表分级优化后的第一级电路时,形式化验证工具给出的反例序列即为整个电路完整的触发序列。

总的来说,对于不能检测出全部触发序列的电路,这里采用拆分网表的方法来处理。为了降低反推过程的复杂度,有以下一些技巧可以使用:

（1）只需要关注想要测试的目标节点,即检测到的木马功能电路起始逻辑,忽略其他无关的电路逻辑,从木马功能电路起始逻辑回溯测试。

（2）在每一级形式化验证给出的反例中,会给出多个序列,每个序列包括一系列节点及其取值,在向上一级回溯的过程中,只需对取值必须为 0 或 1 的反例节点进行回溯,对于取值为 0 或 1 均可的反例节点可以直接忽略,不继续回溯,因为取值为 0 或 1 均可的反例节点的取值对本级输出端口的取值没有影响,进而可以推出电路的触发序列对这些取值为 0 或 1 均可的反例节点没有影响,因此无需利用它们来构建电路的触发序列。

（3）若在构建触发序列的过程中,在第 i 级($1\leqslant i\leqslant n$)得出有关某个输入向量的取值,则记录该取值,并将其作为接下来推导的约束条件,可降低推导的复杂度。

4. 触发序列构建实验验证

根据前文所述利用形式化验证工具构建触发序列的原理,这里对所有样本进行网表分级优化、时序逻辑组合化以及验证每一级触发序列完整性这 3 个步骤,利用 formality 形式化验证工具实现样本触发序列的构建。对于硬件木马触发序列的构建,实验样本如下:

（1）采用上文可检测出的木马功能电路起始逻辑的实验样本,以及已经检测出木马功能电路起始逻辑及其取值作为回溯的起点来反推触发序列。

（2）从 trust-hub 中额外挑选部分已给出木马功能电路起始逻辑的样本,利用已知的木马功能电路起始逻辑及其取值来进行触发序列的反推。

测试结果如表 4-15 所示。可以看出,在检测出木马起始逻辑的情况下,本节方法可以检测出电路的全部触发序列,因此该方法是有效的。

具体来看,本节方法检测出了 3 种类型的触发序列:

（1）输入为特定的值时触发木马。对于这种类型的触发序列,本方法通过网表分级优化的方法,对划分的一级电路进行时序逻辑组合化,利用形式化验证工具给出的反例,就可以反推到激活木马的输入端口,并得到其特定取值。

（2）输入为特定的序列时触发木马。对于这种类型的反例,本方法通过网表分级优化的方法可以构建出全部的触发序列及其顺序。

（3）触发序列为内部寄存器（如计数器）,当取特定值或者特定范围时激活木马。对于这种类型,本方法利用形式化验证工具给出的反例,可以构建出内部寄存器及其特定的取值或者范围。

表 4-15　构建硬件木马的触发序列实验

序号	测试样本	木马触发机制	是否反推出触发序列	反推触发序列时间/s	反推出的触发序列
1	AES-T2200	特定序列输入时触发木马	√	150	[127:0] state = 128'h0011_2233_4455_6677_8899_aabb_ccdd_eeff
2	AES-T1700	内部计数器计数到特定值时触发木马	√	120	内部计数器 Counter 计数到 128'hffff_ffff_ffff_ffff_ffff_ffff_ffff_ffff
3	AES-T400	特定序列输入时触发木马	√	120	[127:0] state = 128'hffff_ffff_ffff_ffff_ffff_ffff_ffff_ffff
4	RSA-T100	特定序列输入时输出端口泄露密钥	√	94	[31:0] indata = 32'h4444_4444
5	RSA-T300	计数器计数到特定值时输出端口泄露密钥	√	93	内部计数器 TrojanCounter 计数到 32'h0000_0002

续表

序号	测试样本	木马触发机制	是否反推出触发序列	反推触发序列时间/s	反推出的触发序列
6	s38584_T200	计数器计数到特定值时触发木马	√	480	counter 计数器计数到 100 到 110 之间
7	uart_leak	特定值输入时触发木马	√	210	输入信号 rx = 1
8	b19_T100	计数器计数在特定范围内触发木马	√	600	counter 计数器计数到 101 到 109 之间
9	PIC16F84-T100	计数器计数超过一定次数触发木马	√	120	当内部计数器 Counter 计数超过 100 时,激活木马

4.3　本章小结

　　本章对 FPGA 网表层的硬件木马检测技术进行了介绍,重点介绍了基于网表特征的硬件木马检测技术和基于信息流跟踪的硬件木马检测技术。

　　本章首先分析了基于网表特征的硬件木马检测原理,介绍了一种基于有向图模型的木马检测方法;然后以构建有向图模型、特征提取、节点聚类和类别判断等 4 个步骤介绍木马检测流程,其中使用两种聚类方法,分别为 K-means 聚类方法和 DBSCAN 聚类方法。在建立有向图模型后使用十字链表保存有向图结构,在特征提取阶段使用 SCOAP 提取节点可测试性值,在节点聚类阶段将节点划分为多个簇,在类别判断阶段区分木马网表和普通网表,并提取出木马网表的可疑节点集。之后,介绍了木马挂载点定位的实现过程。

　　随后介绍了基于信息流跟踪的硬件木马检测技术,主要有以下 4 个步骤:第一步,建立阴影逻辑库,对待检测电路进行阴影逻辑的添加,得到信息流跟踪模型;第二步,对添加阴影逻辑后的电路进行网表分级;第三步,对网表分级后的电路进行形式化验证,判断其安全性;第四步,对有安全威胁的电路检测其木马功能电路起始逻辑及其取值。通过实验将基于信息流跟踪检测硬件木马方法与 SCOAP 检测硬件木马方法进行对比,发现对于部分 SCOAP 无法检测的信息泄露型木马,信息流技术能有效检测到。但是,信息流技术无法检测性能降低型的木马,因为该类型木马的触发与输出端口的污点标签无关。此外,基于信息流跟踪的方法能定位到木马电路功能起始逻辑。最后,介绍了基于信息流跟踪来反推木马电路的触发序列的策略。实验结果表明,无论电路逻辑复杂度高还是低,该方法均可以有效构建出电路完整的触发序列。

参考文献

[1] Karri R,Rajendran J,Rosenfeld K,et al. Trustworthy hardware:Identifying and classifying hardware Trojans[J]. Computer,2010,43(10):39-46.

[2] Shakarian P. Stuxnet:Cyberwar revolution in military affairs[R]. America:Military Academy West Point,2011.

[3] Goldstein H L,Thigpen L E. SCOAP:Sandia controllability/observability analysis program [C]. The 17th Design Automation Conference,Minneapolis,1980:190-196.

[4] Wagstaff K,Cardie C,Rogers S,et al. Constrained K-means clustering with background knowledge[C]. The Eighteenth International Conference on Machine Learning (ICML),Williamstown,2001:577-584.

[5] Jain A K. Data clustering:50 years beyond K-means[J]. Pattern Recognit. Lett,2010,31 (8):651-666.

[6] Olukanmi P O,Nelwamondo F,Marwala T. K-means-lite:Real time clustering for large datasets[C]. 5th International Conference on Soft Computing & Machine Intelligence (ISCMI), 2019:54-59.

[7] Birant D,Kut A. St-dbscan:An algorithm for clustering spatial-temporal data[J]. Data & Knowledge Engineering,2007,60(1):208-221.

[8] Kryszkiewicz M,Lasek P. Ti-dbscan:Clustering with dbscan by means of the triangle inequality[C]. 7th International Conference on Rough Sets and Current Trends in Computing, Warsaw,2010:60-69.

[9] Salmani H,Tehranipoor M,Karri R. On design vulnerability analysis and trust benchmark development[C]. 2013 IEEE 31st International Conference on Computer Design (ICCD), Asheville,2013:471-474.

[10] Shakya B,He T,Salmani H,et al. Benchmarking of hardware Trojans and maliciously affected circuits[J]. Journal of Hardware and Systems Security,2017,1(1):85-102.

[11] McAfee Labs. McAfee's 2012 threat predictions[EB].

[12] Hu W,Oberg J,Irturk A,et al. Theoretical fundamentals of gate level information flow tracking[J]. IEEE Transactions on Computer-Aided Design of Integrated Circuits and Systems,

2011,30(8):1128-1140.

[13] Hu W,Oberg J,Kastner R,et al. Gate-level information flow tracking for security lattices [J]. ACM Transactions on Design Automation of Electronic Systems,2014,20(1):1-25.

[14] Bernstein D J. Cache-timing attacks on AES[J]. Citeseer,2005,3:1-37.

[15] Oberg J,Hu W,Irturk A,et al. Information flow isolation in I2C and USB [C]. 48th ACM/EDAC/IEEE Design Automation Conference (DAC),San Diego,2011:254-259.

[16] Hu W. Reducing timing channels with fuzzy time[J]. Journal of Computer Security,1992,1 (3-4):233-254.

[17] Hu W,Mao B,Oberg J,et al. Detecting hardware Trojans with gate-level information-flow tracking[J]. Computer,2016,49(8):44-52.

[18] Hu W,Oberg J,Irturk A,et al. An improved encoding technique for gate level information flow tracking[C]. International Workshop on Logic and Synthesis (IWLS),Temcula,2011: 1-7.

[19] Bidmeshki M M,Makris Y. VeriCoq: A Verilog-to-Coq converter for proof-carrying hardware automation[C]. 2015 IEEE International Symposium on Circuits and Systems (ISCAS), Lisbon,2015:29-32.

[20] Shin J,Zhang H,Lee J,et al. A hardware-based technique for efficient implicit information flow tracking[C]. Proceedings of the 35th International Conference on Computer-Aided Design,Austin,2016:1-7.

[21] Chakraborty R S,Paul S,Bhunia S. On-demand transparency for improving hardware Trojan detectability[C]. IEEE International Workshop on Hardware-Oriented Security and Trust, Anaheim,2008:48-50.

[22] Banga M,Hsiao M S. A novel sustained vector technique for the detection of hardware Trojans[C]. 22nd International Conference on VLSI Design,New Delhi,2009:327-332.

[23] 冯毅,易江芳,刘丹,等. 面向 SoC 系统芯片中跨时钟域设计的模型检验方法[J]. 电子学报,2008,36(5):886-892.

[24] Clarke J,Grumberg O,Kroening D,et al. Model Checking[M]. Cambridge,Massachusetts: MIT Press,2018:192-195.

[25] Mo G,Xiong Y,Huang W,et al. Automated theorem proving via interacting with proof assistants by dynamic strategies[C]. 6th International Conference on Big Data Computing and Communications (BIGCOM),Deqing,2020:71-75.

[26] Gonthier G,Asperti A,Avigad J,et al. A machine-checked proof of the odd order theorem [C]. International Conference on Interactive Theorem Proving,Berlin,Heidelberg:Springer, 2013:163-179.

[27] Kaliszyk C,Urban J. Learning-assisted automated reasoning with flyspeck [J]. Journal of Automated Reasoning,2014,53(2):173-213.

[28]　Drzevitzky S. Proof-carrying hardware：Runtime formal verification for secure dynamic reconfiguration[C]. 2010 International Conference on Field Programmable Logic and Applications,Milan,2010：255-258.

[29]　Jin Y. Introduction to hardware security[J]. Electronics,2015,4(4)：763-784.

[30]　Marques-Silva J P,Sakallah K A. GRASP：A search algorithm for propositional satisfiability [J]. IEEE Transactions on Computers,1999,48(5)：506-521.

第 5 章 FPGA 电路层硬件木马检测技术

FPGA 开发过程中可使用各类 IP 核,这些 IP 核是公司的商业机密[1-3],各公司往往会对 IP 核的 HDL 代码和网表进行加密处理,导致安全分析人员无法看到具体的源代码和网表信息,这给代码层和网表层的硬件木马检测带来一定的困难。为了应对上述情况,本章介绍一种新的 FPGA 硬件木马检测技术,即从 FPGA 电路层进行硬件木马的检测,其本质是通过分析 FPGA 电路的旁路信息特征,判断 FPGA 电路是否被硬件木马感染。具体来说,包括基于时钟树电磁辐射的硬件木马检测技术和基于芯片温度场特征的硬件木马监控方法。

5.1 基于时钟树电磁辐射的硬件木马检测技术

本节将利用 FPGA 时钟树的电磁辐射信息对硬件木马进行检测。区别于其他旁路分析方法,本节将要介绍的方法不需要生成特定的测试向量使电路内部节点发生翻转,在厘清硬件木马对 FPGA 设计时钟树的影响的基础上,通过电磁旁路检测硬件木马。

Agrawal 等人率先利用功耗信号作为旁路参数检测硬件木马,并通过仿真验证了该方法的有效性[4],其后,基于路径延迟[5]、温度[6]、电磁辐射[7]等旁路参数的木马检测技术相继被提出。在这些旁路检测技术中,通过电磁辐射旁路检测硬件木马是目前广泛应用的木马检测技术之一[8]。基于路径延迟的硬件木马检测方法必须使用芯片的 I/O 端口并严重依赖于精心设计的测试向量,而很多硬件木马经过刻意设计并不影响电路的延迟,并且也难以被测试向量激活。基于功耗信号的硬件木马检测方法往往只能得到一个芯片内部的总电流,且测量功耗通常需要一个专门的电源端口或内核电源线。当涉及大批量芯片的可信性评估时,电磁辐射检测法是一个常用的选项。总体来说,利用电磁辐射检测硬件木马具有如下优势:

（1）非接触式：在实际的电磁测量中，可使用一组磁场近场探头来获取电磁辐射。该探头放置在芯片正上方，这种非接触式的检测方法在实际应用中很方便。

（2）位置已知：将近场探头安装到一个步进装置上，通过计算机或手动控制该步进装置在芯片表面逐步移动，并可根据需要调整步进精度，因此可以将电磁辐射信息与其采集的位置一一对应。

（3）信息丰富：电路中的每一个有源部件都产生电磁辐射，因此电磁辐射可以反映 FPGA 局部器件的信息。采用整体功耗或时序旁路来展现一个大型电路设计特性往往太过模糊，电磁旁路能够更准确地检测木马逻辑。

目前，国内外对电磁辐射旁路用于木马检测有一定的研究。文献[8]和文献[9]在芯片上方的一个固定位置提取一条电磁轨迹，这样得到的电磁旁路显然不如多点测量精确。文献[10]通过步进装置在芯片表面逐点提取电磁旁路，并比对了有木马芯片与无木马芯片的电磁强度分布情况。本节在总结已有研究的基础上，分析了硬件木马对 FPGA 时钟树的影响，提出了一种基于时钟树电磁辐射旁路的硬件木马检测技术，并对该检测技术的实验结果进行了分析。

5.1.1 硬件木马对 FPGA 时钟树的影响

电磁辐射是由于控制电路、I/O、数据处理或芯片中其他部分的电流流动而产生的旁路辐射[8]。芯片电流大小与芯片内部的器件特性及所执行的逻辑操作有关。电路中的每一个载流元件都会根据物理特性和电特性产生电磁辐射，而且由于元件之间的耦合问题，某一元件的电磁辐射会影响电路上其他元件的辐射[10]。

任何 CMOS 器件的电流都可以从静态和动态两个方面考虑。一方面，FPGA是一个非理想的芯片，即使内部没有任何信号翻转，电路也存在一些非常小的漏电流，这些电流通常被称为静态电流。另一方面，FPGA 在内部电路的逻辑状态改变时会产生动态电流。在 FPGA 辐射的电磁信号中，时钟树是一个相当重要的辐射来源，因为它上面的信号不断翻转，在驱动整个 FPGA 电路工作的同时也不断产生动态电流及辐射。

硬件木马是对原始电路的恶意修改。攻击者利用 FPGA 上未被原始电路使用的逻辑资源与布线资源实现特定的功能。相比于原始电路所占用的片上资源，攻击者精心设计的硬件木马通常只占用较小比例的逻辑资源。同时，为了实现隐蔽性，木马逻辑一般也具有很低的翻转率。因此，在硬件木马未被触发的情况下,硬件木马逻辑的加入几乎不会影响静态电流(因为漏电流本身就很小),并且由于其低翻转率,对动态电流的贡献也相当有限。因此直接通过木马逻辑所增加的电磁辐射来检测其存在非常困难。

硬件木马逻辑的加入对于原始电路的电磁辐射改变甚微,但它们会导致 FPGA 原有的时钟树发生改变。硬件木马对于原始电路时钟树的影响可以从两个角度考虑:

(1)从时序逻辑的角度来看,为了实现硬件木马的恶意功能并保持其隐蔽性,攻击者会在大多数的硬件木马中使用触发器,而触发器工作需要时钟信号作为驱动,因此,会在原始电路时钟树上增加一部分的时钟走线。

(2)从组合逻辑的角度来看,即使硬件木马完全由组合逻辑构成,由于攻击者通常需要满足一些设计原本时序或资源的约束条件,这部分组合逻辑部分的加入通常会使其周围原始的时钟树结构发生局部改变。

图 5-1 为高级加密标准(Advanced Encryption Standard,AES)设计的部分时钟布线情况,图 5-1(a)为原始电路,图 5-1(b)为加入硬件木马的感染电路。图 5-1(b)的方框中显示了由木马电路中触发器逻辑带来的额外的时钟走线,圆圈中显示了被局部改变的时钟走线。

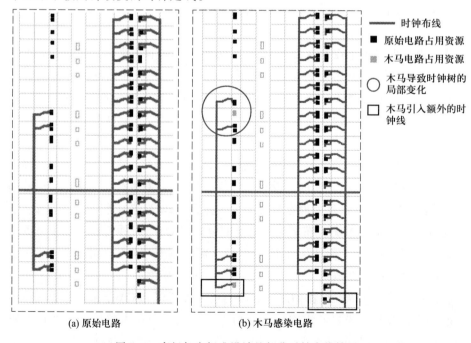

(a) 原始电路   (b) 木马感染电路

图 5-1   高级加密标准设计的部分时钟布线情况

5.1.2 基于时钟树电磁旁路的木马检测

现有的旁路检测技术在测量旁路信息的同时对待测电路施加随机的测试向量作为激励,认为测试向量可以加大木马电路信号翻转的概率并在旁路中体现相应的变化,从而增强木马电路与黄金电路旁路测量结果的差异,使得带有木马的电路更容易被区分出来。然而,这样的旁路测量方法虽然可以提高硬件木马逻辑的翻转率(之前已经提到,一般来说硬件木马被设计得翻转率很低以逃避检测),但同时也导致电路上其他正常逻辑不断翻转,正常电路相对于木马逻辑数量庞大,成为木马检测的过程中主要的噪声来源之一。也就是说,在对旁路数据进行采样的同时对 FPGA 施加测试向量,增加了木马电路旁路辐射信息量,但也带来了更多的噪声污染,反而可能使得木马电路翻转而产生的信息被淹没在这些噪声之中。

前面已经提到,时钟信号对电路动态电流的贡献巨大,而硬件木马的植入通常都会使 FPGA 上运行的时钟树发生改变,对 FPGA 辐射的电磁信号分布产生重要影响。下面将从硬件木马对时钟树产生的影响出发,设计相应的检测手段,在不施加测试向量的情况下,利用 FPGA 电磁旁路的差异性分析硬件木马是否存在。

图 5-2 给出了本节所介绍的硬件木马检测方法。该方法基于有监督的学习算法,需要已知一些植入木马与未植入木马的 FPGA 作为训练样本。表 5-1 给出了该方法所涉及的主要符号及其含义。

检测流程大致分为以下 3 步:

(1) 步骤 1:通过电磁辐射采集平台对 FPGA 表面的电磁辐射进行采样,并通过校准减小噪声。

(2) 步骤 2:对收集到的电磁辐射轨迹进行处理,得到用于木马分类的特征。

(3) 步骤 3:通过 BP(Back Propagation)神经网络对木马进行检测。

下面就以上步骤进行详细介绍。

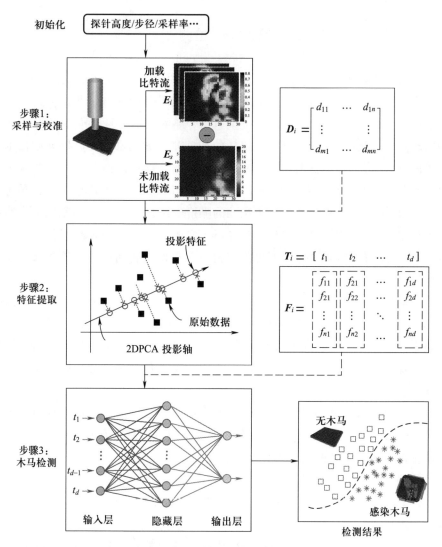

图 5-2   硬件木马检测方法

表 5-1   主要符号及其含义

符号	含义
E	已编程 FPGA 电磁强度矩阵样本
E_s	未编程 FPGA 电磁强度矩阵样本
E_{fi}	已编程、无木马的 FPGA 电磁强度矩阵样本
E_{ti}	已编程、有木马的 FPGA 电磁强度矩阵样本

符号	含义
D	已编程 FPGA 电磁强度校准矩阵样本
D_{fi}	已编程、无木马的 FPGA 电磁强度校准矩阵样本
D_{ti}	已编程、有木马的 FPGA 电磁强度校准矩阵样本
X_t	2DPCA 方法提取的最佳投影轴
F_{fi}	无木马样本的特征矩阵
F_{ti}	有木马样本的特征矩阵
T_{fi}	神经网络输入,无木马特征矩阵
T_{ti}	神经网络输入,有木马特征矩阵

1. 旁路采样与校准

前文已经提到,之前的电磁旁路法在采集数据时都对芯片施加测试向量以增强内部逻辑的翻转。本节所介绍的方法在内部逻辑不翻转的情况下,基于 FPGA 时钟树的电磁旁路变化对硬件木马进行检测。

首先,为了采集 FPGA 时钟树的电磁辐射信号,在实验中只对 FPGA 提供必需的时钟信号,并将其他输入端口置于固定电平,使 FPGA 内部电路停止翻转,这是本节提出的检测方法的基础。

然后,获取 FPGA 的电磁辐射旁路数据。通过步进台控制近场电磁探头在 FPGA 表面扫描,得到扫描区域的二维电磁强度分布情况 E,E 为一个 $m \times n$ 的矩阵,m、n 取决于扫描步径 s 和 FPGA 表面被扫描区域的大小。矩阵 E 的元素 e_{ij} 表示测量点 (i,j) 处的电磁强度,由对该测量点所采集到的电磁辐射轨迹 $trace_{i,j}$ 求平均得到。图 5-3 给出了电磁旁路采集数据的示意图。

最后,对获取的电磁强度图降噪。电磁辐射容易受到各类噪声的影响,这些噪声主要来源于 FPGA 芯片内部器件、印制电路板(Printed Circuit Board,PCB)制程误差及 PCB 上其他器件的影响。为了木马检测结果的准确性,先对未编程的空白 FPGA 测量其电磁强度矩阵 E_s,并在编程后测量的电磁强度矩阵 E 中减去 E_s 以校准电磁分布,在降低噪声影响的同时突出时钟树的电磁辐射。此处,将校准后的电磁强度矩阵记为 D,有

$$D = E - E_s \tag{5-1}$$

图 5-4 给出了一个示例,可以看到未编程 FPGA 的电磁噪声分布以及校准后的图像。在图 5-4(a) 中可以看到 FPGA 中心及底部存在明显噪声,而图 5-4

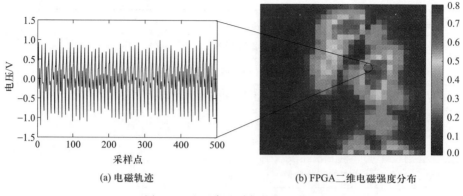

(a) 电磁轨迹　　　　　　　　　(b) FPGA二维电磁强度分布

图 5-3　电磁旁路采集数据示意图

(b)的图像显示扫描区域下方的噪声被消除。这里,噪声是由于提供时钟的晶振距离 FPGA 太近引起的。

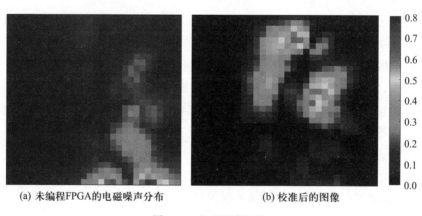

(a) 未编程FPGA的电磁噪声分布　　　　　(b) 校准后的图像

图 5-4　电磁强度校准

接下来基于有监督的学习方法对木马进行检测,因此需要有一部分的正、负样本对神经网络进行训练。将已知无木马 FPGA 测量得到的电磁强度矩阵记为 $E_{f1},E_{f2},\cdots$,将已知有木马 FPGA 测量得到的电磁强度矩阵记为 $E_{t1},E_{t2},\cdots$,将待检测、未知是否含有木马的 FPGA 测量得到的电磁强度矩阵记为 $E_1,E_2,\cdots$,校准后的电磁强度矩阵用符号 D 以及相应的下标表示。

2. 特征提取

在获取校准的图像后,可以进一步分析电磁辐射信息对 FPGA 木马进行检测。然而,直接通过电磁强度图检测木马并不可行,检测效果差且效率不高。因此,有必要先对芯片电磁辐射的信息特征进行提取。

主成分分析法(Principal Component Analysis,PCA)是一种常见的数据统计方法,广泛应用于机器学习、数据分析等领域,它可以减少数据集的维数,同时保持数据集中对方差贡献最大的特征。在此基础上,Yang 等人提出了二维主成分分析(Two-Dimensional PCA,2DPCA)方法[11],通过对二维图像线性变换提取其主成分。2DPCA 是一种图像投影技术,它利用了图像的空间相关性来达到比PCA 更好的效果和更快的运算速度。下面将使用 2DPCA 方法提取电磁辐射矩阵的特征。

对于一个图像矩阵 A,其大小为 $p×q$,通过下面的线性变换 X 进行投影:

$$Y = AX \tag{5-2}$$

得到一个 p 维向量 Y,称为图像矩阵 A 的投影特征向量。投影样本的总体离散情况可以被用来评估投影轴 X 的区分能力。投影样本的总体离散度可以通过投影特征向量协方差矩阵的迹来表征:

$$J(X) = \mathrm{tr}(S_x) \tag{5-3}$$

其中,S_x 表示投影特征向量的协方差矩阵,$\mathrm{tr}(S_x)$ 表示 S_x 的迹。使公式(5-3)最大化的物理意义在于:寻找一个面向所有投影样本的投影方向 X,使得这些样本的总离散度最大。S_x 表示为

$$S_x = \mathrm{E}(Y - \mathrm{E}(Y))(Y - \mathrm{E}(Y))^{\mathrm{T}} = \mathrm{E}[AX - \mathrm{E}(AX)][AX - \mathrm{E}(AX)]^{\mathrm{T}}$$
$$= \mathrm{E}[(A - \mathrm{E}(A))X][(A - \mathrm{E}(A))X]^{\mathrm{T}} \tag{5-4}$$

则有

$$\mathrm{tr}(S_x) = X^{\mathrm{T}}[(A - \mathrm{E}(A))^{\mathrm{T}}(A - \mathrm{E}(A))]X \tag{5-5}$$

定义矩阵

$$G_t = \mathrm{E}[(A - \mathrm{E}(A))^{\mathrm{T}}(A - \mathrm{E}(A))] \tag{5-6}$$

G_t 称为图像协方差矩阵,是一个 $q×q$ 的非负矩阵。假如有 M 个样本图片,其中第 j 个用矩阵 $A_j(j=1,2,\cdots,M)$ 表示,$\bar{A}$ 表示这些图片样本的均值,那么 G_t 可以表示为

$$G_t = \frac{1}{M} \sum_{j=1}^{M} (A_j - \bar{A})^{\mathrm{T}}(A_j - \bar{A}) \tag{5-7}$$

因此,公式(5-3)可以表示为

$$J(X) = X^{\mathrm{T}}G_t X \tag{5-8}$$

其中 X 是归一化的向量,能使得该准则最大化的归一化向量 X 被称为最佳投影轴,表示投影到 X 上的样本离散度最大化。最佳投影轴 X_{opt} 即为 G_t 最大特征值对应的特征向量。通常来讲,只使用一个最佳投影轴是不够的,一般选择相互正

交的一组投影轴 $X_1, X_2, \cdots, X_d$，使得 $J(X)$ 最大化，即

$$\begin{cases} \{X_1, \cdots, X_d\} = \mathrm{argmax}\, J(X) \\ X_i^{\mathrm{T}} X_j = 0, \quad i \neq j; i,j = 1,2,\cdots,d \end{cases} \quad (5-9)$$

实际上，$X_1, X_2, \cdots, X_d$ 是 G_t 最大的 d 个特征值对应的特征向量。至此，可以利用 2DPCA 方法提取前面获取的电磁辐射强度图的特征。使用无木马 FPGA 得到的电磁强度校准图像 $D_{f1}, D_{f2}, \cdots$ 提取一组最佳投影轴 $X_1, X_2, \cdots, X_d$，这里取最少的 d 个投影轴，使得它们对应的特征值之和对迹的贡献超过 95%[12]。

那么，可以得到每幅图像所对应的投影特征矩阵，其中 $D_{fi}(i=1,2,\cdots)$ 对应的特征矩阵为

$$F_{fi} = \begin{bmatrix} D_{fi}X_1 & D_{fi}X_2 & \cdots & D_{fi}X_d \end{bmatrix} \quad (5-10)$$

对于已知有木马 FPGA 的电磁强度校准图像 $D_{tj}(j=1,2,\cdots)$，直接将它们投影到 $X_1, X_2, \cdots, X_d$ 方向，获得特征矩阵

$$F_{tj} = \begin{bmatrix} D_{tj}X_1 & D_{tj}X_2 & \cdots & D_{tj}X_d \end{bmatrix} \quad (5-11)$$

同样地，将待测 FPGA 电磁强度校准图像 $D_k(k=1,2,\cdots)$ 投影到 $X_1, X_2, \cdots, X_d$ 方向的特征矩阵为

$$F_k = \begin{bmatrix} D_kX_1 & D_kX_2 & \cdots & D_kX_d \end{bmatrix} \quad (5-12)$$

3. 木马检测

在利用 2DPCA 方法提取了电磁强度图像的特征后，接下来将讨论如何利用 BP 神经网络实现硬件木马检测。人工神经网络是一种经典的机器学习模型，被广泛应用于多个领域。反向传播是一种多层前馈神经网络学习算法[13]，该算法不断修改神经网络的权值，使得给定神经网络输入信息后可以输出期望的结果。BP 神经网络具有较强的非线性映射能力和很好的泛化能力，适合于求解内部机制复杂的问题。

BP 神经网络的结构如图 5-5 所示，包括输入层、隐藏层和输出层。输入层表示进入网络的原始信息，每一个输入都被送入隐藏层，并通过权值计算，最终送到输出层。隐藏层是输入层和输出层之间的众多神经元和连接组成的层面，可以有一层或多层[14]，每一个连接都有权值 W_{ij}^l。输出层通过激活函数来产生输出。

BP 神经网络采用有监督的方式进行学习，需要依赖已知分类的样本来调整权值。BP 算法主要由以下两个阶段组成：

（1）激励传播。每次传播都包含了两个步骤：① 将训练样本输入，前向传播以产生激励响应；② 将激励响应与训练输入的期望值对比，获得输出层和隐

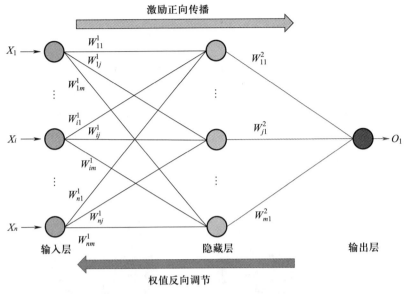

图 5-5　BP 神经网络结构

藏层的响应误差。

（2）权值更新。每个权值都根据以下规则更新：① 将输入激励与响应误差相乘，获得权值梯度；② 将梯度乘一个比例从权值中减去。通过不同的训练样本反复迭代，直到神经网络对输入的响应达到预期的目标范围。

在对待测 FPGA 进行检测之前，首先训练神经网络。之前提取的特征矩阵 $\boldsymbol{F}$ 大小为 $n\times d$，其中 n 的值根据实验确定，当它比较大时，如果直接将 $n\times d$ 个数作为输入特征，神经网络的计算量将会非常大。为了减少计算时间，可将特征矩阵进行降维，对特征矩阵每列取模，神经网络的输入将变为 d 维。即已知无木马的 $\boldsymbol{D}_{fi}(i=1,2,\cdots)$，可表示为

$$\boldsymbol{T}_{fi} = \begin{bmatrix} |\boldsymbol{D}_{fi}\boldsymbol{X}_1| & |\boldsymbol{D}_{fi}\boldsymbol{X}_2| & \cdots & |\boldsymbol{D}_{fi}\boldsymbol{X}_d| \end{bmatrix} \qquad (5-13)$$

已知有木马的 $\boldsymbol{D}_{tj}(j=1,2,\cdots)$，可表示为

$$\boldsymbol{T}_{tj} = \begin{bmatrix} |\boldsymbol{D}_{tj}\boldsymbol{X}_1| & |\boldsymbol{D}_{tj}\boldsymbol{X}_2| & \cdots & |\boldsymbol{D}_{tj}\boldsymbol{X}_d| \end{bmatrix} \qquad (5-14)$$

随机初始化一个神经网络 N，将上述已知标签的样本依次输入，通过 BP 算法对神经网络权值进行迭代，最终得到一个训练完成的网络。然后，可以实现木马检测。对于待检测的图像 $\boldsymbol{D}_k(k=1,2,\cdots)$，将其特征矩阵降维为

$$\boldsymbol{T}_k = \begin{bmatrix} |\boldsymbol{D}_k\boldsymbol{X}_1| & |\boldsymbol{D}_k\boldsymbol{X}_2| & \cdots & |\boldsymbol{D}_k\boldsymbol{X}_d| \end{bmatrix} \qquad (5-15)$$

将样本输入已经训练完成的神经网络 N，产生的输出即为 FPGA 是否含有木马的判定结果。

5.1.3　验证实验与结果

　　本节通过实验验证电磁辐射硬件木马检测方法的可行性与性能。实验系统架构如图 5-6 所示,主要由以下几个组件构成:一个高灵敏度的电磁探头、一架 *xyz* 定位云台、一台数字示波器、一台控制 PC 和两块 FPGA。实验设备的具体型号见表 5-2。将 FPGA 加载程序后,通过定位云台控制电磁探头在 FPGA 表面逐点测量其辐射的电磁信号。电磁探头移动的步径、扫描的区域和采样率等参数可通过 PC 上的软件进行设置。

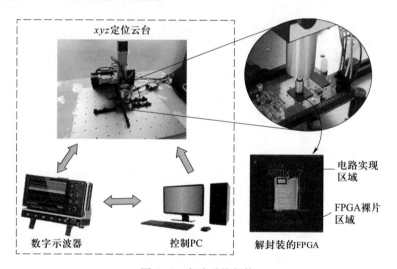

图 5-6　实验系统架构

表 5-2　实　验　设　备

实验设备	型号
目标 FPGA	Xilinx Artix-7 XC7A35T-1FTG256C
数字示波器	LeCory WaveRunner 610Zi
控 制 PC	Lenovo Think Station P410
xyz 定位云台	Riscure EM Probe Station
电磁探头	Riscure EMP 340HS

　　实验中设置的关键参数如表 5-3 所示。为了尽量减小噪声的干扰,对

FPGA 解封装后首先确定其裸片(Die)的位置;然后,在裸片所对应的 0.7 cm× 0.7 cm 的区域内,以 300 μm 的探头步径采集 FPGA 辐射的电磁信号。在实验中,将 FPGA 运行的电路限制电路的左上角,以便于在后面对探头扫描区域的实验进行讨论。在这样的配置下,在 x 轴方向和 y 轴方向分别对应 24 个采样位置。在每个采样位置,采样率设置为 500 MS/s,采样深度为 3000 点。驱动 FPGA 的时钟频率为 50 MHz,环境温度为 20℃。

表 5-3　实 验 设 置

实验参数	取值
扫描区域	0.7 cm×0.7 cm
步径	300 μm
采样率	500 MS/s
采样深度	3000 点
环境温度	20℃
FPGA 时钟频率	50 MHz

用于测试的电路来自硬件安全领域广泛使用的 Trust-Hub 网站。具体选用的测试电路的资源开销与功能列于表 5-4。

表 5-4　测试电路的资源开销与功能

触发类型	逻辑类型	测试电路	Slice 资源		木马比例/%	木马功能
			无木马	感染木马		
永久激活型	时序型	AES-T100	466	481	3.22	泄露信息
		AES-T200	466	474	1.71	泄露信息
		AES-T300	466	495	6.22	泄露信息
触发激活型	时序型	AES-T1900	485	496	2.26	拒绝服务
		BasicRSA-T400	217	220	1.38	泄露信息、拒绝服务
		RS232-T300	23	25	8.70	降低性能
	组合型	BasicRSA-T200	219	220	0.46	拒绝服务
		MC8051-T500	642	644	0.31	改变功能
		RS232-T100	28	32	14.28	拒绝服务

实验中把有木马的样本和无木马的样本分别下载到一块 FPGA 上,分别采集 500 次,得到训练样本。同样地,在另一块 FPGA 上,对有木马样本和无木马

样本分别采集 500 次,作为实验中的测试样本。

下面首先给出上述实验的结果并进行讨论。其次,对本方法所涉及的一些关键实验因素,开展扩展实验并进行讨论,包括电磁探头的移动步径、扫描区域、环境温度、探头高度和采样深度。在扩展实验中使用的测试电路是 BasicRSA-T200,除了每个扩展实验中讨论的参数外,其余的参数与表 5-3 中给出的实验设置相同。

1. 基础实验

图 5-7 给出了各测试电路的木马检测结果(取 10 次测试的平均值)。可以看到,永久激活型木马的检测率达到了 100%,而触发激活型木马的检测率比永久激活型木马稍低一些。实际上,3 个永久激活型的木马对 FPGA 电磁分布造成的影响非常大,可以直接通过肉眼观察到电磁图像强度的变化。

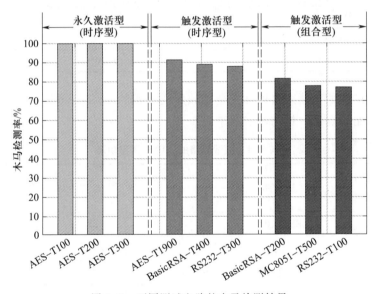

图 5-7　不同测试电路的木马检测结果

图 5-8 显示的是针对 AES-T100 测试电路,永久激活型木马对电磁强度图像的影响。有两个原因导致了这个结果:一方面是木马永久激活,相比需要触发激活的木马消耗电流更多;另一方面,这个测试电路的木马功能是泄露信息,信息在不断被输出,导致 FPGA 的电磁辐射变化明显。作为对比,图 5-9 给出了触发激活型木马对电磁强度图像的影响。显然,在木马未被激活时,难以像观察永久激活型木马一样通过肉眼观察到硬件木马带来的影响。

但是,利用本节的技术分析电磁辐射特征,可以成功检测到触发型木马。其

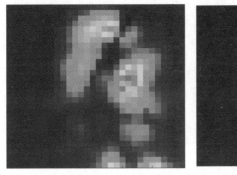
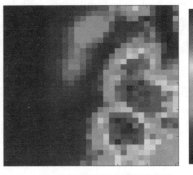

(a) 无木马FPGA电磁强度图像   (b) 有木马FPGA电磁强度图像

图 5-8　永久激活型木马对电磁强度图像的影响(AES-T100)

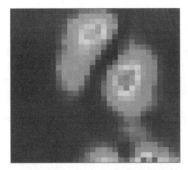
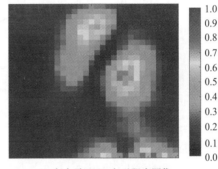

(a) 无木马FPGA电磁强度图像   (b) 有木马FPGA电磁强度图像

图 5-9　触发激活型木马对电磁强度图像的影响(AES-T1900)

中,时序型木马的检测率为 88%～92%,高于组合型木马的 78%～80%,这意味着在本节的方法下,时序型木马比组合型木马更容易被检出。这与前述分析的硬件木马植入对 FPGA 时钟树的影响是一致的,即时序型木马不仅通过组合逻辑影响时钟树的走线,并且也因为触发器的加入而引入多余的时钟布线资源;相反地,组合型木马只改变时钟树的走线,因此时钟树变动相对较小,检测率比时序型木马低。

2. 探头步径扩展实验

电磁探头的移动步径决定了采集到的电磁强度图像的分辨率。对于同一扫描区域,步径越小,分辨率越高。将步径依次设置为 200 μm、250 μm、300 μm、350 μm 和 400 μm 分别进行实验,实验结果见图 5-10,展示了木马检测率和实验时间开销。

从图 5-10 中可以看到,一方面,当移动步径从 400 μm 减小到 200 μm 时,木马检测率从 53% 增加到 84%,这意味着使用小的步径可以有效提升木马的检测率。但值得注意的是,并不是一味地减小步径就可以得到更高的检测率,实验结果显示当步径从 250 μm 缩小到 200 μm 时,检测率并没有明显变化,说明这时分辨率的提高对检测率的影响已经很小了。另一方面,随着步径的缩短,实验所需时间相应地增加。所以,在设置探头步径精度时,需要综合考虑检测率和实验时间两方面的因素。

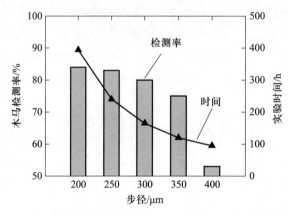

图 5-10　探头步径的影响

3. 扫描区域扩展实验

通过一个缩放因子对 0.7cm×0.7cm 的扫描区域进行扩大或缩小。这里,缩放因子的选取范围为 0.6 到 1.4,即 0.42cm×0.42cm 到 0.98cm×0.98cm 的范围。实验结果如图 5-11 所示。

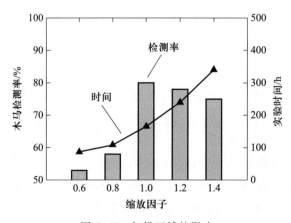

图 5-11　扫描区域的影响

实验时间方面,步径不变,扫描区域越大则采样位置越多,导致所需实验时间快速增长。缩放因子方面,选取的基本区域大小为 0.7cm×0.7cm,木马检测率为 80%;将其放大到 1.2 倍和 1.4 倍时,木马检测率分别下降到 78% 和 75%,这是因为扫描区域的扩大使得采集到的电磁强度图像引入了更多的噪声,这些多余的区域中包含了 FPGA 裸片的外围电路,如键合线(Bounding Wire),会产生很多无用信息。当扫描区域缩小到 0.8 倍和 0.6 倍时,可以看到木马检测率大幅下降,这是因为 FPGA 电路布局时把测试电路放在 FPGA 的左上角位置,扫描区域的减小固然减少了实验时间,却带来了信息丢失的问题。因此,如果对 FPGA 上电路的布局区域进行扫描,尽可能选取 FPGA 裸片对应的区域以避免其他冗余信息,以得到最好的硬件木马检测效果。

4. 环境温度扩展实验

在不同的环境温度下(10℃、15℃、20℃和25℃)重复实验,实验结果如图 5-12 所示。结果显示,当实验过程中环境温度固定不变时,木马检测率几乎与环境温度无关。但是,如果将这些不同温度下采集的电磁强度图像混合起来检测,木马检测率只有 55%,意味着无法有效区分无木马 FPGA 和感染木马的 FPGA。

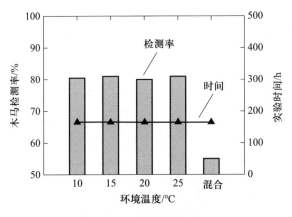

图 5-12 环境温度的影响

导致这一结果的原因可以从图 5-13 中得到。图 5-13 给出了不同温度下电磁强度图像的主成分分布,它们对应于输入神经网络的前两个特征。容易观察到,不同温度下采集到的电磁信息分布在不同区域中,形成不同的组别。尽管单个组中很容易区分出感染木马 FPGA 和无木马 FPGA,然而混合后通过神经网络进行判定难度大幅增加,因为神经网络难以生成一条有效的边界将无木马和感染木马的特征区分出来。因此,在实验过程中需要保证环境温度的稳定。

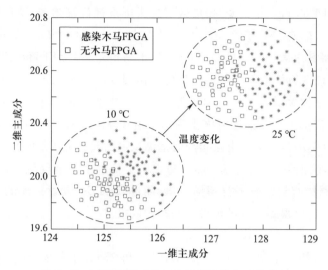

图 5-13   不同温度下的电磁强度图像主成分分布

5. 探头高度扩展实验

把探头距离 FPGA 封装表面的高度分别设置为 0 mm、1 mm、2 mm 和 3 mm 进行实验,结果如图 5-14 所示(注:当探头与封装距离设置为 0 mm 时,探头到裸片之间仍有一定距离)。可以看到,随着探头远离 FPGA 表面,木马检测率迅速下降。这是因为探头离得越远,可以接收到的有效信息强度越弱,容易被噪声所覆盖。

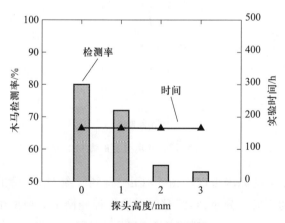

图 5-14   探头高度的影响

图 5-15 给出了不同探头高度下测量到的电磁强度图像。和上述分析一致,可以观察到探头高度增加时,电磁强度图像上热点(即信号强度)急剧减少。

实际上,在 0 mm 高度的电磁强度图像中,电磁强度最高的点对应的电压为
0.73 V,而当探头升高到 1 mm 和 2 mm 处,最热点的电压分别变为 0.52 V 和
0.29 V,再到 3 mm 处则降为 0.17 V,这几乎与噪声大小相当。因此,为了在实
验中得到最好的检测效果,应当把探头与被测 FPGA 尽量靠近,同时保持两者之
间的距离恒定。

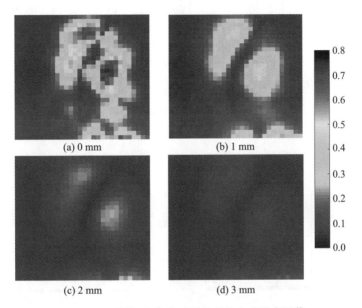

图 5-15　不同探头高度下测量到的电磁强度图像

6. 采样深度扩展实验

把示波器的采样深度分别设置为 500、1000、3000、5000 和 10 000 个采样点
进行实验,结果如图 5-16 所示。从图可见,当采样深度从 500 点增加到 3000 点
时,木马的检测率从 75% 提升到 80%,这是因为更多的样本点平均后减小了噪
声的影响。然而,随着采样深度的进一步增加,木马的检测率变化不大,意味着
噪声对木马检测的影响已经很小了。

图 5-17 给出了采样深度分别为 500 和 10 000 时的频谱。频域图中包含了
所有 576(24×24)个采样位置的电磁轨迹频谱。可以发现,在 50 MHz 及其高次
谐波分量上幅值较大。这是因为 FPGA 的时钟频率是 50 MHz,意味着在实验中
有效地采集到了时钟树的信息。此外,在其他频率分量上,采样深度为 10 000
时的幅值$|A|$明显小于采样深度为 500 时,说明增加采样深度有效减小了噪声。
因此,合理选取采样深度能够有效抑制噪声对检测率的影响。

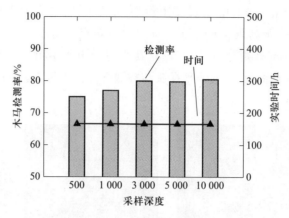

图 5-16　采样深度的影响

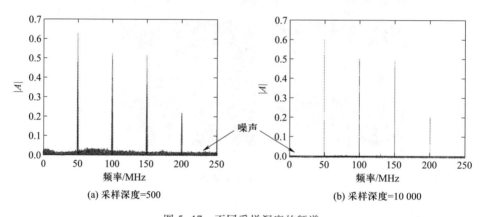

(a) 采样深度=500　　　　　　　　　　(b) 采样深度=10 000

图 5-17　不同采样深度的频谱

5.2　基于芯片温度场特征的硬件木马监控方法

　　本节提出一种基于芯片温度场特征的硬件木马监控方法,其主要思路是:通过分析芯片运行阶段的温度场分布,来判断芯片状态是否异常,从而判定芯片中是否有木马被激活[15-18]。对于芯片被木马感染的情况,进一步找出木马感染电路所在的位置。显然,木马一旦被激活,会引起明显的动态功耗变化,而动态功耗又反映在实时温度特征中。此外,目前针对芯片运行阶段的防护策略相对缺乏,可通过内置资源消耗较少的温度传感器来获取温度特征(此过程不需要黄金模型),从而在芯片的运行阶段为芯片提供实时防护。

图 5-18 给出了基于温度特征的硬件木马实时监控方法流程。硬件木马的实时监控方法可分为 5 个步骤：

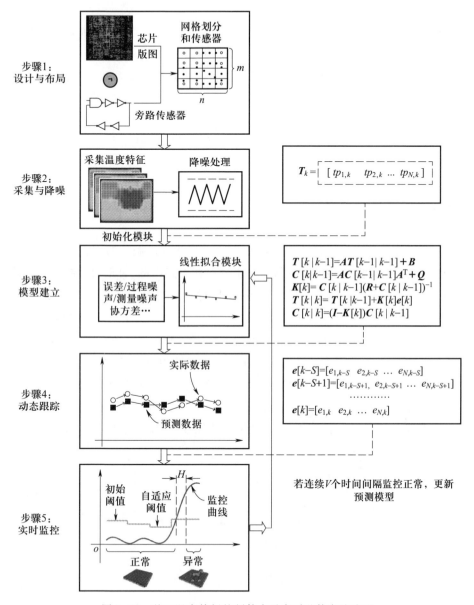

图 5-18 基于温度特征的硬件木马实时监控方法流程

（1）步骤 1:在设计阶段,根据数字传感器的原理,设计环形振荡传感器 RO(Ring Oscillator)并布置到芯片上。

（2）步骤 2：通过传感器网络采集温度特征，并进行降噪处理。

（3）步骤 3：根据采集到的安全阶段的传感器数据来构建预测模型，并设置初始阈值。

（4）步骤 4：利用构建的预测模型进行温度特征的动态跟踪，求解温度特征的预测值。

（5）步骤 5：根据模型预测值与实际值求解残差自相关系数，并将其作为监控指数进行实时监控。在监控到芯片处于持续安全状态时，自适应地更新模型和阈值。

经过以上 5 个步骤，便可实现温度特征的采集、处理和木马的监控。接下来，将对本方法进行详细说明。

5.2.1　环形振荡器设计

Zhang 等人在文献［19］中首次提出在片上集成环形振荡器网络来检测硬件木马的技术。他们指出：环形振荡器由于分布在电路内部，可以有效减少旁路噪声的影响，从而更准确地生成功耗签名；其后通过离线数据分析来发现木马，从而在芯片测试阶段确保其安全性。此外，基于 RO 的方法也可以用于木马的实时防御，为芯片全工作周期提供防护措施。该方法在木马被激活时可发出警报，从而防止芯片中的硬件木马逃避设计阶段和测试阶段的安全检测。

下面将介绍 RO 结构是如何检测硬件木马的。RO 是由奇数个反向门输出端与输入端首尾相连形成的电路，其输出在两个电平之间不断振荡。图 5-19 是一个典型的 5 阶环形振荡器，其中 EN 为使能端，OUT 为输出端。

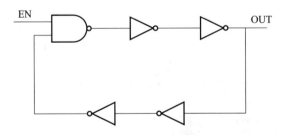

图 5-19　典型的 5 阶环形振荡器

RO 的频率由所有反相器的总延迟确定。假设每一级反相器的延迟为 t_d，n 阶 RO 的延迟即为 $2 \times n \times t_d$，那么其振荡频率为

$$f_{osc} = \frac{1}{2 \times n \times t_d} \qquad (5-16)$$

　　电源噪声或电压降（Voltage/ IR drop）会影响逻辑门的延迟。当电压下降时,门电路的延迟会增加[20]。单个反相器的延迟根据温度、电源电压、负载电容及阈值电压等参数而变化,具体可以由公式(5-17)计算:

$$t_d = 0.52 \times \frac{C_L V_{dd}}{(W/L) k' V_{DSAT} (V_{dd} - V_{th} - V_{DSAT}/2)} \qquad (5-17)$$

其中,C_L 表示负载电容,k' 表示跨导,W/L 表示晶体管沟道宽度与沟道长度的比值,V_{DSAT}、V_{th}、V_{dd} 分别表示饱和电压、阈值电压和电源电压。

　　因此,RO 中任何反相器的电源电压变化都会影响所有相关门的延迟,从而改变振荡频率。需要注意的是,在芯片内部,任何一个门电路的状态转换会引起附近其他器件供电电源电压的波动。此外,FPGA 中的 RO 往往是通过 LUT 实现的,LUT 本身在读取数据的时候也会有一定的延迟,这个延迟可以理解为反相器的延迟时间。因此,对于 FPGA 上的硬件木马检测,木马电路的开/关同样会影响电源,进而影响由 LUT 实现的反相器的延迟。

　　因此,在相同的测试向量下,由于木马门电路的翻转,无木马的 FPGA 和感染木马的 FPGA 的电源噪声会有所不同,从而导致 RO 的频率不同。将 N 个环形振荡器分布在整个电路上,组成环形振荡器网络,如图 5-20 所示。

　　N 个 RO 组成一个 $m \times n$ 阵列集成在电路上,在测试时通过线性反馈移位寄存器(Linear Feedback Shift Register, LFSR)生成测试向量输入电路中,每个 RO 的频率会根据周围电路的信号翻转情况发生变化。将每个 RO 的计数值输出作为后面木马检测步骤的签名,利用 RO 网络中每个 RO 的频率生成电路的签名。对于第 i 个 RO,测量时间 T 内的频率为

$$F_i = \frac{1}{T} \int_0^T \frac{1}{2 \times n \times t_{di}(t)} dt \qquad (5-18)$$

其中 $t_{di}(t)$ 是反相器的延迟,它根据电路输入向量的不同而变化。如果用 $\Delta t_{di}(t)$ 表示木马引起的第 i 个 RO 的反相器延迟变化,F_{ti} 和 F_{fi} 分别表示 RO 周围存在木马电路和不存在木马电路情况下的频率,那么第 i 个 RO 由于木马植入而引起的频率变化 ΔF_i 为

$$\Delta F_i = F_{ti} - F_{fi} = -\frac{1}{T} \int_0^T \frac{\Delta t_{dti}(t)}{2 \times n \times t_{di}(t) \times (t_{di}(t) + \Delta t_{dti}(t))} dt \qquad (5-19)$$

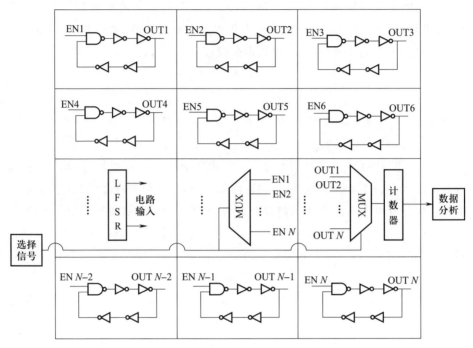

图 5-20   环形振荡器网络[19]

5.2.2   传感网络布局策略

本节将讨论一种针对 RO 的布局策略,确定合适的 RO 数量及位置,以减小片上集成 RO 所需硬件开销,同时保证木马检测的可靠性。该布局策略如图 5-21 所示,通过实验测量出单个 RO 能够感知到的电路逻辑信号翻转的范围即测定环形振荡器覆盖半径;基于正六边形网格划分将 RO 布局在电路上,并对边缘特殊情况进行处理,最终得到明确的 RO 数量及位置,即布局环形振荡器。

表 5-5 给出下文所涉及的符号及其含义。在进行讨论之前,先给出一个前提假设:对于一个 RO,并非电路上任何位置的电路状态翻转都会对其电压降变化造成明显的影响,只有与其邻近位置发生的状态翻转才能被感知到。即需要定义一个 RO 的覆盖半径,忽略该半径以外的电路翻转对其频率造成的影响。

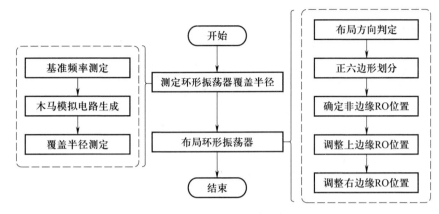

图 5-21　传感网络布局策略

表 5-5　符号及其含义

符号	含义
C	原始电路
x	原始电路的长度
y	原始电路的宽度
r	环形振荡器覆盖的半径
F	环形振荡器的频率
$\mu_0(\sigma_0)$	无木马电路频率测量值的均值(方差)
$\mu_1^i(\sigma_1^i)$	与 RO 距离为 i 个 Slice 的木马模拟电路的频率测量值的均值(方差)
$d_v(d_h)$	环形振荡器的行(列)间距
$N_o(N_e)$	奇(偶)数列非边缘环形振荡器的数量
$M_o(M_e)$	非边缘环形振荡器奇(偶)数列的数量
X_r	最右列的非边缘环形振荡器的横坐标
$M(N)$	电路 $x(y)$ 方向的环形振荡器数量
Num_{RO}	环形振荡器数量

　　需要说明这样的假设是合理的。Kose 等人在文献[21]中指出,电路中特定节点的电压波动只与其邻近位置的门电路翻转有关,较远的电路对其电压降的影响可以忽略不计。例如,图 5-22(a)为一个电源网络,L_1 为负载节点,$V_1 \sim V_{36}$ 为电源节点;图 5-22(b)给出了各电源节点对 L_1 的贡献,可以看出远处的节点

对 L_1 的电流贡献很少。此外，Zhang 等人在提出 RO 网络技术时提到，木马的影响可能是局部的，只使用一个 RO 也许不足以灵敏地区分木马和噪声[18]。

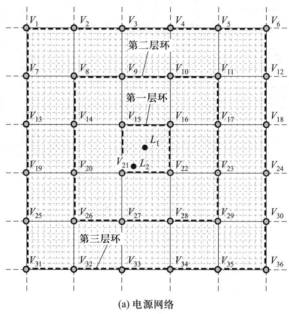

(a) 电源网络

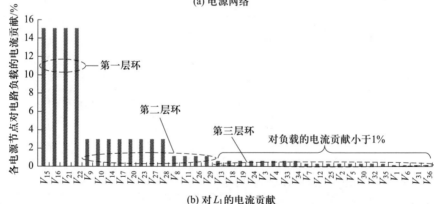

(b) 对 L_1 的电流贡献

图 5-22　各电源节点对电路负载的电流贡献[21]

下面说明如何根据 FPGA 硬件木马的影响范围确定 RO 的覆盖半径。假设一个 RO 的频率测量值为 F，由于实际测量和噪声的影响，对于无木马的电路 H_0，F 应满足均值为 μ_0、方差为 σ_0 的高斯分布，即

$$p(F \mid H_0) = \frac{1}{\sqrt{2\pi}\,\sigma_0} \exp\left(-\frac{(F - \mu_0)^2}{2\sigma_0^2}\right) \qquad (5-20)$$

同理，对于感染木马的电路 H_1，频率 F 应满足均值为 μ_1、方差为 σ_1 的高斯

分布,即

$$p(F \mid H_1) = \frac{1}{\sqrt{2\pi}\,\sigma_1}\exp\left(-\frac{(F-\mu_1)^2}{2\sigma_1^2}\right) \tag{5-21}$$

假设 $p(F \mid H_1)$ 和 $p(F \mid H_0)$ 具有不同的均值、相同的方差($\sigma_0 = \sigma_1$),而两者均值之差随着 RO 与木马逻辑的距离增大而减小,将 RO 的覆盖半径定义为满足 $|\mu_0 - \mu_1| \geqslant \sigma_0$ 时,RO 与木马之间的最大距离。

根据以上分析,图 5-23 给出了 RO 半径测定方法的示意图。主要步骤描述如下:

(1) 测定 RO 的基准频率。把一个 RO 的位置在 FPGA 上固定,当周围不存在其他电路时,其频率测量值满足均值为 μ_0、方差为 σ_0 的高斯分布,将这一高斯分布作为基准。

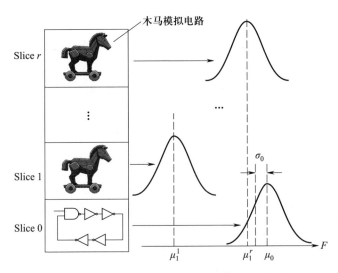

图 5-23 环形振荡器覆盖半径测定方法示意图

(2) 确定木马模拟电路的大小。在这里,由于木马的工作情况是未知的,只能通过模拟木马电路的实验来确定 RO 的覆盖半径。记已知的原始电路资源消耗为 a,可以检测到的最小的木马在原始电路中的比例为 p,那么木马模拟电路的大小应不大于 $p \cdot a$。例如,一个 AES 加密电路,在 FPGA 上消耗的资源是 470 个 Slice,需要监测的最小木马比例不到 1%,那么木马模拟电路大小应为 4 个 Slice。

(3) 确定 RO 的半径。把上述木马模拟电路放置在与 RO 相距 $i(i=1,$ $2,\cdots)$ 个 Slice 的位置,这时,RO 的频率测量值记为均值 μ_1^i、方差为 $\sigma_1^i(=\sigma_0)$ 的

高斯分布。当测量到的分布与前面的基准分布之间距离小于 σ_0 时,表示木马对 RO 的频率影响很小,那么 RO 的覆盖半径为

$$r = \max(\{i \mid |\mu_0 - \mu_1^i| \geqslant \sigma_0\}) \qquad (5-22)$$

在获得 RO 的感知半径后,以此为依据将它们集成到电路上,以实现对电路的无缝覆盖,保证攻击者在任何位置插入木马都在 RO 的覆盖范围内。同时,需要考虑 RO 的合理布局方式,使得所有 RO 带来的开销尽可能少。Wu 等人在文献[22]中指出,用相同半径的圆形完全覆盖一个平面、使得圆心之间距离最远的最优布局是六边形网格。本节的布局策略将基于对平面的正六边形网格(Hexagonal Lattice)划分,保证对一个平面进行无缝覆盖布局时所使用的圆形尽可能少,即传感器资源开销最少。

由于电路大小的限制,基于正六边形网格对 RO 进行布局时要对电路的边界情况进行讨论,下面对不同情况进行分析并给出具体布局流程。记电路 C 的大小为 $x \times y$,通过测量到的 RO 覆盖半径为 r。环形振荡器的布局流程如图 5-24 所示。

环形振荡器布局流程可以分为以下 3 个主要步骤。

(1) 根据电路 C 的大小确定水平或竖直布局

正六边形网格布局有水平方向和竖直方向两种方式,如图 5-25 所示。水平方向布局下圆心之间的距离为 $\sqrt{3}\,r$,两行之间的距离为 $1.5r$,竖直方向布局则相反。

因此对于同一电路,两种方向可能会产生不同的布局结果。可以估算每种方向所需的 RO 数量,若满足

$$\left\lceil \frac{x}{\sqrt{3}\,r} \right\rceil \cdot \left(\left\lceil \frac{y-r}{1.5r} \right\rceil + 1 \right) < \left(\left\lceil \frac{x-r}{1.5r} \right\rceil + 1 \right) \cdot \left\lceil \frac{y}{\sqrt{3}\,r} \right\rceil \qquad (5-23)$$

那么使用水平方向布局;否则,使用竖直方向布局。由于基于水平方向布局 RO 的电路旋转 90° 即变为基于竖直方向布局,因此下面讨论基于竖直方向的 RO 布局。

(2) 依据正六边形网格划分对 RO 进行布局,使整个电路完全被 RO 覆盖

以电路的左下角为原点对电路进行正六边形网格划分。这里的正六边形是半径为 r 的圆的内接正六边形。在此将一个正六边形横向放置,使其左下角对齐原点,底边对齐 x 轴,以此正六边形为基准,可以找到其邻接的正六边形,再以这些邻接正六边形为基准,找到与它们邻接的正六边形,以此类推,直到将电路完全覆盖,不存在覆盖空洞。如果将 RO 放置在这些网格的中心,则可以实现对

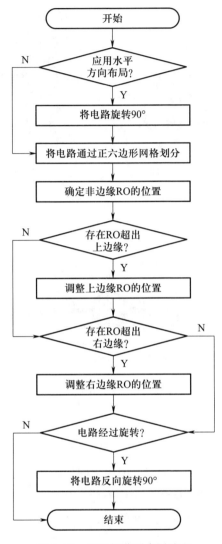

图 5-24 环形振荡器布局流程

电路的无缝覆盖。

但是,按照正六边形网格划分后,有些网格的中心位置会超出电路范围,将这些 RO 称为边缘 RO。相应地,未超出电路边界范围的 RO 称为非边缘 RO。例如,对图 5-26 所示的电路 C 进行正六边形网格划分,得到边缘 RO 和非边缘 RO。对于边缘 RO 的位置需要做出调整,使之处于电路内部。

为了便于描述,定义一些符号,一并标注在图 5-26 中。在这里,将最右边一列的非边缘 RO 的横坐标记为

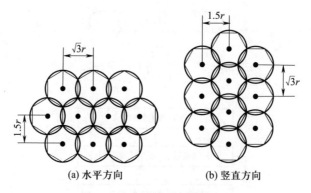

(a) 水平方向   (b) 竖直方向

图 5-25   正六边形网格布局。

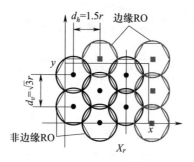

图 5-26   非边缘 RO 和边缘 RO 示意图与符号定义

$$X_r = 0.5r + \left\lceil \frac{2x}{3r} - \frac{4}{3} \right\rceil \cdot d_h \qquad (5-24)$$

将 RO 之间的距离记为 $d_v = \sqrt{3}\,r$,两列之间的距离记为 $d_h = 1.5r$。可以看到,奇数列和偶数列的非边缘 RO 数量可能不同,因此,给出奇数列和偶数列的非边缘 RO 数量 N_o 和 N_e 以及列数 M_o 和 M_e:

$$\text{奇数列}: N_o = \left\lfloor \frac{y}{d_v} - \frac{1}{2} \right\rfloor + 1, \, M_o = \left\lceil \frac{x}{2d_h} - \frac{7}{6} \right\rceil + 1 \qquad (5-25)$$

$$\text{偶数列}: N_e = \left\lfloor \frac{y}{d_v} \right\rfloor + 1, \, M_e = \left\lceil \frac{x}{2d_h} - \frac{5}{3} \right\rceil + 1 \qquad (5-26)$$

这里,非边缘 RO 的位置处于电路内部,在下面的讨论中固定不变;奇数列非边缘 RO 的位置为

$$(x_o, y_o) = (0.5r + m_o \cdot 2d_h, 0.5d_v + n_o \cdot d_v) \qquad (5-27)$$

其中,$m_o = 0, 1, \cdots, M_o - 1, n_o = 0, 1, \cdots, N_o - 1$。

同样地,偶数列非边缘 RO 的位置为

$$(x_e, y_e) = (2r + m_e \cdot 2d_h, n_e \cdot d_v) \qquad (5-28)$$

其中，$m_e = 0, 1, \cdots, M_e - 1$，$n_e = 0, 1, \cdots, N_e - 1$。

（3）对边缘 RO 的位置进行调整

前面通过正六边形网格划分确定了 RO 的位置，但边缘 RO 已经超出了电路能够布局的范围，因此需要重新对边缘 RO 的位置进行调整，使得边缘 RO 能够有效放置在电路上。分为以下几种情况进行讨论。

① 不存在边缘 RO

若非边缘 RO 已经完全覆盖电路，即同时满足 $0 < x - X_r \leq 0.5r$ 和 $y \% d_v = 0$ 或 $y \% d_v = 0.5 d_v$ 的条件，则布局完成，无需加入边缘 RO。图 5-27 中给出一个非边缘 RO 完全覆盖电路的案例。

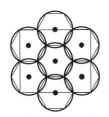

图 5-27　非边缘 RO 完全覆盖电路示例

② 电路上边界外存在边缘 RO

当 $0 < x - X_r \leq 0.5r$，但不满足 $y \% d_v = 0$ 或 $y \% d_v = 0.5 d_v$ 时，电路上边界以外会出现边缘 RO。易知，上边缘 RO 只可能出现在奇数列或偶数列之一：若 $0 < y \% d_v < 0.5 d_v$，则需要在奇数列出现边缘 RO；相反，若 $0.5 d_v < y \% d_v < d_v$，则在偶数列出现边缘 RO。将超出电路上边界的边缘 RO 向下移动到电路范围内，如图 5-28 所示。

那么，在这种情况下，上边缘 RO 调整后的位置坐标为

$$\begin{cases} (0.5r + m_o \cdot 2d_h, y), & 0 < x - X_r \leq 0.5r, 0 < y \% d_v < 0.5 d_v \\ (2r + m_e \cdot 2d_h, y), & 0 < x - X_r \leq 0.5r, 0.5 d_v < y \% d_v < d_v \end{cases}$$

$$(5-29)$$

其中，$m_o = 0, 1, \cdots, M_o - 1$，$m_e = 0, 1, \cdots, M_e - 1$。

③ 电路右边界外存在边缘 RO

当 $y \% d_v = 0$ 或 $y \% d_v = 0.5 d_v$，但最靠近电路右边界的一列非边缘 RO 与电路右边界之间的距离不满足 $0 < x - X_r \leq 0.5r$ 时，存在右边缘 RO，需要调整右边缘 RO 的位置使之处于电路范围内。

注意：在之前的讨论中，随 y 值不同，奇数列的 RO 数可能比偶数列少。事

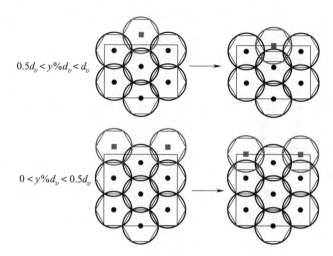

图 5-28   只存在上边缘 RO 情况示意图

实上,需要由右边缘 RO 覆盖的电路面积是相对较小的,即使右边缘 RO 一列是偶数列,也只需要使用奇数列的 RO 数就能将其完全覆盖。

为了说明该策略的合理性,图 5-29 给出了一个示例。考虑电路右边界处的情况,即 $x-X_r=0.5r$ 和 $x-X_r=1.5r$(若 x 再增大最右列的 RO 出现在右边界内部,此时它们是非边缘 RO 而不是这里讨论的右边缘 RO)。正六边形网格的边长为 r,即 RO 在竖直方向上无缝覆盖的宽度为 r,而两线之间的宽度也为 r,即电路边界与虚线最远距离为 r,因此水平方向上一列 RO 足够覆盖这段距离。而已知奇数列的 RO 数小于等于偶数列的 RO 数,且足够在垂直方向上完成对电路的覆盖。因此,只需用奇数列的 RO 数就可以实现对右边界周围空白区域的覆盖。

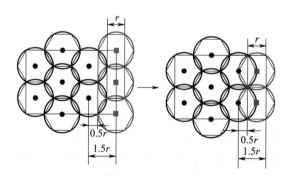

图 5-29   极限情况下右边缘 RO 情况示意图

如图 5-30 所示,考虑到 x 的取值不同,将右边缘 RO 向左移动到电路内的

不同位置。右边缘 RO 调整后的位置坐标为

$$
\begin{cases}
(X_r + 0.5r, 0.5d_v + n_o \cdot d_v), & 0.5r < x - X_r \leqslant r, y \% d_v = 0 \text{ 或 } 0.5d_v \\
(X_r + r, 0.5d_v + n_o \cdot d_v), & r < x - X_r \leqslant 1.5r, y \% d_v = 0 \text{ 或 } 0.5d_v
\end{cases}
$$

$$(5-30)$$

其中，$n_o = 0, 1, \cdots, N_o - 1$。

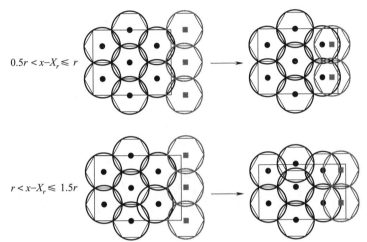

$0.5r < x - X_r \leqslant r$

$r < x - X_r \leqslant 1.5r$

图 5-30　只存在右边缘 RO 示意图

④ 电路的上边界和右边界外同时存在边缘 RO

当同时不满足 $0 < x - X_r \leqslant 0.5r$ 和 $y \% d_v = 0$ 或 $y \% d_v = 0.5d_v$ 时，电路的上边界和右边界外都存在边缘 RO，如图 5-31 所示。需要结合②和③的讨论调整它们的位置。

右边缘 RO 调整后的坐标位置为

$$
\begin{cases}
(X_r + 0.5r, n_e \cdot d_v), & 0.5r < x - X_r \leqslant r, 0 < y \% d_v < 0.5d_v \\
(X_r + 0.5r, 0.5d_v + n_o \cdot d_v), & 0.5r < x - X_r \leqslant r, 0.5d_v < y \% d_v < d_v \\
(X_r + r, n_e \cdot d_v), & r < x - X_r \leqslant 1.5r, 0 < y \% d_v < 0.5d_v \\
(X_r + r, 0.5d_v + n_o \cdot d_v), & r < x - X_r \leqslant 1.5r, 0.5d_v < y \% d_v < d_v
\end{cases}
$$

$$(5-31)$$

其中，$n_o = 0, 1, \cdots, N_o - 1, n_e = 0, 1, \cdots, N_e - 1$。

上边缘 RO 调整后的坐标位置为

$$
\begin{cases}
(0.5r + m_o \cdot 2d_h, y), & 0.5r < x - X_r \leqslant 1.5r, 0 < y \% d_v < 0.5d_v \\
(2r + m_e \cdot 2d_h, y), & 0.5r < x - X_r \leqslant 1.5r, 0.5d_v < y \% d_v < d_v
\end{cases}
$$

$$(5-32)$$

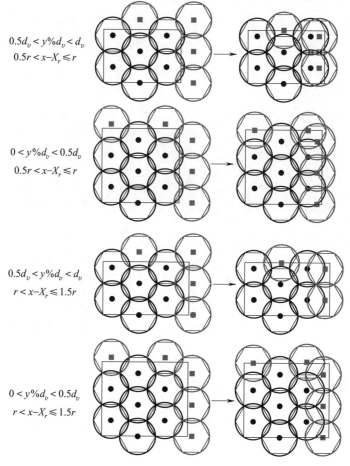

$0.5d_v < y\%d_v < d_v$
$0.5r < x{-}X_r \leqslant r$

$0 < y\%d_v < 0.5d_v$
$0.5r < x{-}X_r \leqslant r$

$0.5d_v < y\%d_v < d_v$
$r < x{-}X_r \leqslant 1.5r$

$0 < y\%d_v < 0.5d_v$
$r < x{-}X_r \leqslant 1.5r$

图 5-31　同时存在上边缘 RO 和右边缘 RO 示意图

其中,$m_o = 0, 1, \cdots, M_o - 1, m_e = 0, 1, \cdots, M_e - 1$。

综合以上讨论,可以分析得出使用半径为 r 的 RO 完全覆盖大小为 $x \times y$ 的电路时所需的 RO 数量。虽然 RO 的布局情况不尽相同,但是可以直接计算出电路所需的 RO 总数:

$$Num_{RO} = \begin{cases} M \cdot N, & 0 < y\%d_v \leqslant 0.5d_v \\ M \cdot \left(\left\lfloor \dfrac{N}{2} \right\rfloor + 1 \right) + (M+1) \cdot \left(\left\lceil \dfrac{N}{2} \right\rceil - 1 \right), & \text{其他} \end{cases}$$

$$(5-33)$$

其中, $M = \left\lceil \dfrac{y}{d_v} \right\rceil, N = \left(\left\lceil \dfrac{x-r}{d_h} \right\rceil + 1 \right)$。

5.2.3 硬件木马监控策略

本节将介绍一种基于温度特征的硬件木马实时监控技术,分析木马活性对温度特征的影响,利用温度场辐射信息对木马活性进行监控。该方法采用内置RO作为温度传感器进行温度辐射信息采集,减少了信息采集过程中噪声引起的误差,并且在木马的监控过程中,不依赖黄金样本,从而降低了检测的难度(注:RO的频率与RO周围的温度场辐射有直接关系,具体映射方式本节也将详细讲解)。

基于旁路信息的硬件木马检测技术都需要分析木马对物理参数的影响。但是,工艺偏差和测量噪声会掩盖木马电路对旁路信息的影响。因此,目前的旁路检测手段往往需要借助一些高端仪器,例如电磁扫描设备,这对实验环境要求较高,并且无法在芯片工作周期中实时监控是否有硬件木马在运行。因此,研究人员提出可以在芯片内部置入物理场传感器来感知木马电路,从而提高木马检测精度并实现实时预警。例如,文献[23]和文献[24]通过温度传感器进行木马监控,但是模型的建立过程中依赖黄金样本,并且芯片制造过程中存在的工艺误差会影响模型的准确性,从而对方法的有效性、稳定性产生影响。

但是,在芯片内部置入传感器往往会引起较大的资源开销。例如,文献[25]提出的路径延迟分析法,对于具有百万条路径的现代设计来说,需要插入大量的延迟传感电路,存在巨大的面积开销;文献[26]提出的电流传感器也存在着显著的面积和功耗开销。相比之下,基于温度特征监控硬件木马所需开销较低,特别是目前很多芯片已经配备了温度传感器用于动态热管理(Dynamic Thermal Management, DTM),这些传感器可以直接复用,无需额外增加资源开销[27]。

本节将介绍一种基于温度场特征的硬件木马监控技术。在给出具体流程之前,首先对温度场特征表征原理进行叙述,重点介绍温度信息的表征原理;然后在此基础上,阐述木马激活之后对温度表征参数的影响。

1. 温度场特征表征原理

下面将介绍数字温度传感器体系结构及工作原理。一般说来,传感器可以分为两部分:感知部分和转换器部分。其中,感知部分是决定传感器精度以及误差的重要组成单元,负责将温度信息以延时或者频率的形式表现出来;转换器部分则主要负责将延时或者频率等信息转换为数字信号输出。

目前,数字IC上常见的温度传感器有两种:基于延时链的温度传感器和基

于 RO 的温度传感器。本节采用 RO 进行温度传感器的构建,主要原因如下:

（1）占用资源少。基于延迟链的感知部分需要使用大量的延时单元和触发器来构建参考链。与其相比,RO 只需要奇数个反相器,无需大量使用延时单元和触发器,可节省硬件资源。

（2）稳定性高。基于延时链的传感器感知部分的性能关键在于其参考链的稳定性,若延时单元或者参考延时链的稳定性不高,则会造成整个传感器性能不好。RO 传感器的传感部分相对稳定,不会出现误差较大的情况。

鉴于此,越来越多的温度传感器设计者将注意力集中在基于 RO 的传感器上。例如,文献[28]设计了一种基于 RO 的数字温度传感器,该传感器由 2 个 RO 构成,其中每个 RO 的延时单元均是不同栅长的晶体管,从而实现高精度和高准确度的全数字传感器;文献[29]利用数控振荡器、频率驱动器及异或门实现了基于 RO 的温度传感器,具有测量速度快、占用资源少以及功耗低等优点。

接下来介绍 RO 传感器的工作原理,包括温度传感器的感知部分和转换器部分。

（1）温度传感器的感知部分

温度传感器的感知部分可通过 RO 来实现。如前所述,RO 由奇数个反相器首尾相连构成。RO 由使能控制信号来控制其工作或不工作:当控制信号值为 1 时,RO 处于正常工作状态;当控制信号值为 0 时,RO 不工作。

下面介绍 FPGA 中 RO 感知温度场变化的原理。在 FPGA 中,RO 主要由 LUT 实现,LUT 的本质是 RAM。RAM 也是由基本的 CMOS 单元构成的,其数据读取过程必然有一定的延迟,而这一延迟和金属氧化物半导体场效应晶体管（Metal-Oxide-Semiconductor Field-Effect Transistor, MOSFET）开关过程中的延迟相关。MOSFET 开关过程的延迟主要由载流子的迁移率和阈值电压决定,MOSFET 的沟道载流子迁移率主要受表面散射机制的影响,其中载流子的迁移率与温度之间的关系为

$$\mu = \mu_0 \frac{T^k}{T_0^k} \qquad (5-34)$$

其中,k 为系数,范围为 $-2.0 \sim -1.2$;μ_0 为电流载体的迁移率初值;T 代表温度;T_0 代表初始温度。对于恒定电流判定 MOSFET 阈值电压 V_{th}（例如使漏极电流达到 1mA 时栅极到源极的电压）,其与温度之间的关系为

$$V_{th}(T) = V_T(T_0) + m(T - T_0) \qquad (5-35)$$

其中,V_{th} 为阈值电压;m 为系数,范围为 $-3.0 \sim -0.5$;V_T 表示初始温度时的阈值

电压,温度越高,阈值电压越小。由以上分析可知,温度的变化将影响 MOSFET 的沟道载流子迁移率以及阈值电压,进而对 MOSFET 的开关速度造成影响,从而导致用 LUT 实现的 RO 的延时发生变化。

RO 的频率与延时存在确定的关系,可表示为

$$f = \frac{1}{2nt_p} \qquad (5-36)$$

其中,n 为 RO 中反相器的个数,f 为 RO 的振荡频率。因此,RO 频率可表征传感器附近的温度特征。当温度升高时,反相器的延时增大,则 RO 频率降低;当温度降低时,反相器的延时减小,则 RO 频率升高。

（2）温度传感器的转换器部分

温度传感器的转换器部分主要通过计数器和参考时钟来实现。针对 RO 频率进行实际测量[30],RO 输出脉冲计数值为 w_1,参考时钟频率为 f_2,其计数值为 w_2,可计算出计时的时间为 w_2/f_2。根据计数时间相同的原理,可得到 RO 频率 f_1 为

$$f_1 = \frac{w_1}{w_2}f_2 \qquad (5-37)$$

由公式（5-37）,利用 2 个计数器和 1 个参考时钟便可实现 RO 信号的数字化变换,为之后的设计及实现提供便利。

在此基础上,本节使用常用的阻容（Resistance-Capacitance, RC）热模型来说明频率和温度之间的关系[31]。在 RC 模型中,对 IC 进行网格划分,每个网格在时间 t 处的温度和功耗用常数表示,相邻节点之间的热容和热阻可确定热量如何在 IC 的节点之间流动。通过求解下面的微分方程,可以确定整个 IC 的温度:

$$\sum_{\forall j \in N_i} \frac{1}{R_{ij}}(T_i(t) - T_j(t)) + C_i \frac{\mathrm{d}T_i(t)}{\mathrm{d}t} - P_i(t) = 0, \quad \forall i \qquad (5-38)$$

其中,$T_i(t)$ 和 $P_i(t)$ 是节点 i 在时间 t 处的温度和功耗;C_i 表示节点/网格 i 处的热容;R_{ij} 表示节点 i 和节点 j 之间的热阻;N_i 是节点/网格 i 的所有邻域。该方程式通常用离散矩阵的形式表示[32]:

$$\boldsymbol{T}(k) = \boldsymbol{A}\boldsymbol{T}(k-1) + \boldsymbol{C}\boldsymbol{P}(k-1) \qquad (5-39)$$

其中,$\boldsymbol{T}(k-1)$ 和 $\boldsymbol{P}(k-1)$ 是离散时间 $k-1$ 处的温度和功耗矢量（每个元素对应一个节点/网格）;$\boldsymbol{A}$ 和 $\boldsymbol{C}$ 是系数矩阵,取决于 RC 电路和时间。

上述方程式非常灵活,已被广泛应用于模拟热力学以及在线温度跟踪[33,34]。可以看出,当前温度特征取决于上一时刻的温度特征与局部功耗状

态。由于电压噪声以及系统负载变化的影响,功耗在每个时间步长内是随机的,本节将功耗建模为已知均值 $\boldsymbol{\mu}_p$ 的高斯随机向量[24],则公式(5-39)可表示为

$$T(k) = AT(k-1) + C\boldsymbol{\mu}_p \qquad (5-40)$$

在 RC 模型中,根据 RO 与温度之间的关系,可用 RO 频率来表征温度从而进行在线跟踪。单个 RO 频率与单点温度之间的关系可等效为线性关系,则对于整个芯片的温度矢量矩阵,有以下对应关系:

$$F = aT + M \qquad (5-41)$$

其中,a 为系数。由此,可得 RO 频率在线跟踪公式为

$$\begin{aligned} F(k) &= AF(k-1) - b(A-I) + aC\boldsymbol{\mu}_p \\ &= AF(k-1) + B \end{aligned} \qquad (5-42)$$

由以上公式可以看出,在一个节点的邻域内,上一时刻的频率状态与当前时刻的频率状态是线性关系。利用此线性关系作为卡尔曼滤波算法的线性预测方程,可进行后续的预测方程建模以及估计。

下面将阐述硬件木马的激活对芯片温度特征的影响,针对木马存在与否、激活与否从两个方面进行对比介绍,从而明确本节方法的应用场景。

首先,有木马未激活电路与无木马电路相比,功耗变化较小,而木马的激活则带来了明显的功耗变化。根据收集到的数据信息,无木马芯片和有木马但未激活的芯片总功耗仅有很小的差异,很多测试阶段的木马检测技术都是针对该差异进行检测,往往由于差异太小以及测量噪声和工艺误差的影响导致木马存在一定的漏检概率。有研究针对有木马但未激活的芯片与木马激活的芯片功耗进行对比,发现木马激活芯片的功耗与存在木马但未激活芯片的功耗相比存在较明显的变化,这种变化更容易被检测到,为芯片工作周期内的木马实时监测技术提供了依据。

其次,因为温度是功耗的强相关函数,所以由激活的木马引起的功耗变化也反映在芯片的热分布中。木马未激活时其负载电路处于不工作状态,木马激活后其负载电路开始工作,这两种不同的状态存在不同的 RC 模型,工作电路的节点不同,因此构成的 RC 热模型也不同,将产生不同的功耗和温度分布。具体的 RC 热模型电路网格示意图[24]如图 5-32 所示,图中以 4×4 网格形式进行划分,并对区域 T11、T12、T15 及 T16 进行了 RC 热模型的局部展示,表征了 RC 热模型的内部电路结构情况。

由 RC 热模型的公式(5-38),可分析出当前时刻的温度特性与上一时刻的温度特性及上一时刻的功耗参数有关,由此可确定木马激活之后带来的功耗变化会产生温度参数的变化;又由于木马的激活带来的功耗变化更加明显,因此温

度的变化也会更加易于检测;最后,RO 频率反映温度的变化,从而反映出是否有木马被激活。

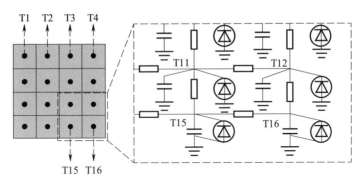

图 5-32　RC 热模型电路网格示意图

目前,温度传感器被广泛用于 DTM 来避免芯片的可靠性问题和过多的功耗问题。例如,AMD 公司的 Opteron 多核处理器中配备了 38 个温度传感器[23]。对于没有温度传感器的设计,可在其设计阶段添加 RO 及转换器来实现温度传感器,将其作为一种安全防护方案添加在原始电路中。之后,无论测试阶段还是运行阶段,均可利用 RO 采集的数据特征来进行木马的静态检测和动态监控,从而实现芯片安全的双层防护。

2. 基于温度特征的硬件木马实时监控方法

本节提出一种基于温度特征的硬件木马实时监控方法,其核心思想是在芯片运行阶段跟踪、分析芯片的温度变化情况,来判断芯片中是否有木马被激活。此方法不需要黄金模型,可在芯片的工作周期内为芯片提供实时保护屏障。下面介绍该方法的主要流程。

(1) 温度特征采集与降噪

在电路正常运行阶段,不同的测试向量会对温度特征产生影响。为了模拟正常工作情况,采用随机向量的方式来驱动输入。温度特征的采集与降噪的流程图如图 5-33 所示。

① 首先,获取温度特征数据。通过布局的传感器网络,以遍历方式驱动各个感知部分循环工作来获取全部传感器的频率数据,得到被监控区域温度传感器的感知情况 F_k,F_k 是一个 N 维列向量,其中 k 取决于采样的时间间隔。在矩阵 F_k 中,每个元素代表着待测区域在 k 时刻各个传感器附近的温度特征,可由转换器部分得到的 RO 频率来表示,以表征温度场的特征大小,并通过此数据估计热图情况,如图 5-34 所示。

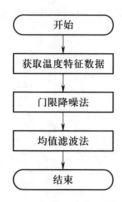

图 5-33　温度特征的采集与降噪流程图

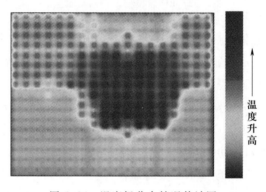

图 5-34　温度场分布情况估计图

② 然后,对获取的数据进行降噪处理。采集到的 RO 频率数据由于噪声的影响会出现毛刺,而毛刺会导致后续的监控过程中出现虚警。为了更好地进行芯片安全监控、降低虚警率,本节通过门限降噪与均值滤波两种方法完成降噪处理。

• 利用门限法对孤立点进行滤除。经统计,频率的正常范围在 f_{max} 与 f_{min} 之间,将其分别作为上下门限进行滤波处理,不在正常范围的数据点被摒弃。

• 采集 M 个时刻的频率数据 $[F_1, F_2, \cdots, F_M]$ 进行均值滤波处理,均值处理后作为实验中一个时刻的实验数据。该方法在进行实验时,需要选取适当的 M 值: M 值过大可能会将木马引起的变化平均掉,从而导致检测失效; M 值过小则无法起到滤波平滑数据的效果。本节中 M 取值为 100,可获得较好的检测效果。

图 5-35 为某 RO 频率降噪处理变化过程。图 5-35(a) 为未进行降噪处理

时的数据波动情况,图 5-35(b)为同一 RO 经过门限降噪处理后的波动情况,图 5-35(c)为多组门限降噪后的数据经过均值滤波处理之后的结果。由图中曲线变化情况可以看出,经过降噪处理之后,数据的波动情况明显降低,毛刺也被滤除掉,这对后续预测过程是有益的,将大幅降低虚警的概率。

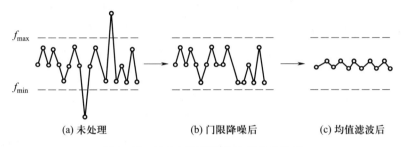

图 5-35 某 RO 频率降噪处理变化过程

(2) 预测模型建立

在建立预测模型的过程中,假设木马为未激活状态。预测模型的建立分为两个过程:模型初始化和矩阵系数求解(状态转移矩阵和控制矩阵),具体的流程如图 5-36 所示。

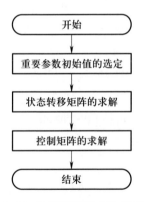

图 5-36 预测模型的建立流程图

为了方便后续表述,将处理后的 L 组传感器频率矩阵记为 $[T_1, T_2, \cdots, T_L]$,并利用此数据建立预测模型。

本节使用的预测模型为卡尔曼滤波算法,其主要原理为 5 个方程的循环更新,其中有几个参数需要预先选定初值。下面,分别对误差协方差矩阵 C_0、过程噪声协方差 Q 以及测量噪声协方差 R 参数进行设置。

首先,对于误差协方差矩阵 C_0,设置其每个元素为 $[0.01, 0.1]$ 内的随机数。

该矩阵表示的是估计协方差,是一个 $N \times N$ 维的矩阵,只要确定了初始值 C_0,其他值都可以根据更新公式进行递推。注意:此值对运算结果的影响很小,只要能保证算法最后结果收敛即可。此外,此值不能设置为零矩阵,因为这样会使得模型完全相信给定的初始状态估计值为系统最优,从而导致算法无法收敛。

其次,对于过程噪声协方差 Q,设置其为对角线元素均为 0.1 的对角阵。该矩阵表示的是设定的预测方程与实际过程之间的误差。该矩阵一般是对角阵,并且为了算法可快速收敛,对角线上的数值通常很小。一般确定该矩阵有两种方式:一种是对于稳定系统而言,可假设此矩阵为固定矩阵;另一种则是随时间变化的系统,矩阵自适应取值。本节采取动静结合的取值方式:在模型不更新时,此矩阵不发生变化;在模型更新时,与模型一同改变。

最后,对于测量噪声协方差 R,设置其为服从均值为 0、方差为 0.1 的高斯分布的数据协方差矩阵。矩阵 R 表示的是测量数据上的噪声,根据文献[35]可知,目前最先进的传感器的误差为 0.1,由此,本节将方差设置为 0.1 的高斯分布作为系统中的测量噪声。

除此之外,根据残差自相关值的统计结果,将判定阈值的初始值 a_T 设定为 0.1,并且当连续两次判定阈值 H 初始值为 5 时,木马已激活。经过以上初始值的设置,预测模型以及监控阈值都已被初始化,卡尔曼滤波算法的初始值已经基本完备,但还需要确定两个非常重要的系数矩阵,即状态转移矩阵与控制矩阵。

系数矩阵求解的整体思路为线性拟合,即在已知线性关系的条件下,利用被观测值去求解最佳估计关系的一种拟合方式,也就是利用已知的数据去求解预测方程系数矩阵的过程。该过程主要分为两步:求解状态转移矩阵 A 和求解控制矩阵 B。首先,求解状态转移矩阵。利用 T_k 与 T_{k-1}、T_{k+1} 与 T_k 之间的关系,即

$$T_k = AT_{k-1} + B \tag{5-43}$$

其中,T_k 为 k 时刻降噪后的传感器矩阵;T_{k-1} 为 $k-1$ 时刻降噪后的传感器矩阵。$k+1$ 时刻降噪后的传感器矩阵为

$$T_{k+1} = AT_k + B \tag{5-44}$$

将公式(5-44)与公式(5-43)相减,并利用右逆矩阵的知识,可得

$$A = (T_{k+1} - T_k)(T_k - T_{k-1})_R^{-1} \tag{5-45}$$

其中,$(\cdot)_R^{-1}$ 为矩阵右逆算子。

然后,将求解得到的矩阵 A 代入公式(5-44),可得矩阵 B 如下所示:

$$B = T_k - (T_{k+1} - T_k)(T_k - T_{k-1})_R^{-1} T_{k-1} \tag{5-46}$$

经过以上求解,可得到根据观测数据拟合的一个线性关系,并用于卡尔曼滤波算法的预测方程,多次求解预测方程的均值,可减小卡尔曼滤波算法的误差。

(3) 温度特征动态跟踪

通过以上建立模型过程,得到卡尔曼滤波算法的各参数值。接下来,利用算法进行温度特征的动态跟踪,具体的流程如图 5-37 所示,详细步骤如下所述。

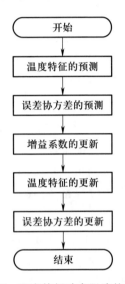

图 5-37　温度特征动态跟踪的流程图

① 温度特征的预测。温度特征的预测过程是利用 $k-1$ 时刻的温度特征更新值,对 k 时刻的温度特征进行预测。温度特征矩阵的预测方程为

$$T[k \mid k-1] = AT[k-1 \mid k-1] + B \qquad (5-47)$$

其中,$T[k-1 \mid k-1]$ 和 $T[k \mid k-1]$ 分别是 $k-1$ 时刻校正更新后的温度特征矩阵以及 $k-1$ 时刻对 k 时刻的温度特征估计矩阵,$T[k-1 \mid k-1]$ 的初始矩阵为 T_1,A 和 B 均是系数矩阵。

② 误差协方差的预测。通过 $k-1$ 时刻校正更新后的误差协方差矩阵,对 k 时刻的误差协方差矩阵进行预测。具体的预测公式为

$$C[k \mid k-1] = AC[k-1 \mid k-1]A^{\mathrm{T}} + Q \qquad (5-48)$$

其中,$C[k-1 \mid k-1]$ 和 $C[k \mid k-1]$ 分别为 $k-1$ 时刻校正更新后的误差协方差矩阵以及 $k-1$ 时刻对 k 时刻的误差协方差估计矩阵,$C[k-1 \mid k-1]$ 的初始矩阵为 C_0,Q 为过程噪声协方差。

③ 增益系数的更新。滤波算法的增益矩阵求解方法为

$$K[k] = C[k \mid k-1](R + C[k \mid k-1])^{-1} \qquad (5-49)$$

其中，$K[k]$ 是时刻 k 处的增益系数；R 是测量噪声的协方差。

增益系数在卡尔曼滤波算法中起到了重要的作用，影响着模型的准确性。增益矩阵的意义在于更新过程中按照一定的比例，对预测值和实际测量值进行数据综合，以得到更加准确的更新值。

④ 温度特征的更新。温度特征矩阵的校正更新方程为

$$T[k \mid k] = T[k \mid k-1] + K[k]e[k] \qquad (5-50)$$

其本质是利用实际测量的温度特征矩阵对预测值进行校正。式中，$T[k \mid k]$ 是 k 时刻的温度特征矩阵更新值，用于下一时刻的预测；$e[k]$ 是 k 时刻的测量值与预测估计值之间的差，具体求解方法为

$$e[k] = T_k - T[k \mid k-1] \qquad (5-51)$$

$e[k]$ 表示的是预测模型与实际运行状态之间的偏差，称之为残差矩阵。式中，T_k 为 k 时刻的实际降噪后的温度特征矩阵。

⑤ 误差协方差的更新。误差协方差矩阵的更新方程为

$$C[k \mid k] = (I - K[k])C[k \mid k-1] \qquad (5-52)$$

其中，I 表示单位矩阵。

经过以上 5 个步骤，可实现对温度特征的跟踪预测，并且可得到测量值与预测估计值之间的偏差 $e[k]$。如果差值很小，表示两者的状态一致；如果差值很大，则表示两者状态不一致，也就是预测模型与实际的运行状态不匹配。预测模型为安全状态下建立的模型，在预测模型准确的情况下，标志着可能电路中含有木马，木马的激活导致热模型发生变化，从而导致模型不匹配。因此，可采用木马未激活状态的预测方程对芯片状态进行判定，木马一旦激活，其实际状态与预测方程状态不一致，必然存在很大的差异。

（4）硬件木马实时监控

下面将介绍基于残差相关的原理对木马进行监控。根据上一步得到的残差来求解残差自相关，分析木马激活与未激活状态的差异。除了求解监控曲线之外，还需要对模型及阈值进行自适应更新设置，具体步骤如下：

① 求解残差自相关。假设在时刻 k 处进行检测判决，记录滤波算法的前 S 个时刻的实际值与预测值之间的差 $e[k-S], e[k-S+1], \cdots, e[k]$，计算残差自相关的值

$$a[k] = \frac{1}{S} \sum_{i=k-S+1}^{k} (e[i]e[i-1]^{\mathrm{T}}) \qquad (5-53)$$

对得到的结果进行判决检测。式中，$a[k]$ 表示时刻 k 处求得的残差自相关矩

阵,$i=k-S+1,k-S+2,\cdots,k$。残差自相关矩阵表示 S 个时刻的残差向量之间的相关程度,如果芯片一直处于安全状态,估计模型较为准确,单个残差矩阵中的元素将很小,得到的自相关矩阵中的元素会更小。

② 判断芯片状态。根据设定的安全指标,若公式(5-54)在超过 H 个连续时间步长后仍成立,则认为木马已经被激活,即芯片处于不安全状态;否则判断芯片为安全状态,需对其继续监控。

$$\|\pmb{a}[k]\|_F > a_T \tag{5-54}$$

其中,a_T 为设置的判决门限,$\|\pmb{a}[k]\|_F$ 为 k 时刻求得的自相关矩阵的 F-范数,具体的求解公式为

$$\|\pmb{E}\|_F = \sqrt{\sum_{i=1}^{m}\sum_{j=1}^{n}|a_{ij}|^2} \tag{5-55}$$

其中,$\pmb{E}$ 为求 F-范数的矩阵,是一个 $m \times n$ 的矩阵,a_{ij} 为矩阵 $\pmb{E}$ 中的第 i 行 j 列元素。

③ 预测模型及判定阈值的更新。由于这里的线性模型是在较小的温度变化区间内进行拟合,所以拟合得到的预测方程需要每 V 个时间间隔更新一次,以适应芯片内较大的温度变化。注意:此更新仅在连续 V 个时刻都判定为安全状态的基础上才执行,并且基于之前的状态对后续状态进行估计,从而实现模型的自适应更新。主要步骤可以分为预测模型更新和阈值更新。

首先,预测模型更新与前面叙述的步骤一致,但是需要将用来求解系数的数据替换为上述 V 个时间间隔的数据。然后,对判定阈值进行更新。之前的初始值是直接对阈值 a_T 设定了一个固定值,经过一段时间的跟踪,已经得到实时的监控数据,需要对阈值进行更新来适应芯片温度的改变。

阈值 a_T 的设定是为了判定监控曲线是否超出安全范围。经过对实际监控指数长期、大量的观察可以发现,芯片处于正常状态时,监控指数的数值很小;但是,当木马激活之后,监控指数会急剧升高,如图 5-38 所示。在设定阈值更新时,为了防止随机波动对判定结果带来虚警的情况,本节将监控指数的最大值与均值相结合,根据前 V 个时刻的监控指数,将阈值 a_T 更新为

$$a_T = b\mu + a_{\max} \tag{5-56}$$

其中,b 为微调系数,一般取值为 1;μ 为前 V 个时刻监控指数的均值;$a_{\max}$ 为前 V 个时刻监控指数的最大值。经过以上阈值更新公式,将芯片初始工作时固定的初始阈值,更新为与芯片工作一段时间后木马未激活时监控指数的统计特性相关的阈值,从而消除芯片环境温度变化对模型准确性的影响。

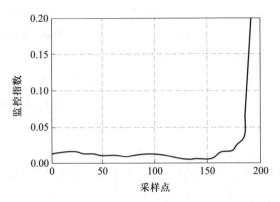

图 5-38   木马激活时的监控曲线变化情况

3. 实验及结果分析

这里通过实验来验证基于温度场特征监控硬件木马的有效性。实验环境分为硬件环境与软件环境两部分,其中硬件实验环境如图 5-39 所示。硬件环境主要包括一台计算机和 3 块不同工艺的 FPGA 芯片,具体的型号见表 5-6。软件环境主要包括 Windows 7 系统软件、Vivado 及 ISE 等 FPGA 开发工具、实时监控平台。其中,Vivado 软件用于支持 Xilinx 7 系列及以上的芯片实验,ISE 用于支持 Xilinx 7 系列以下的芯片实验。

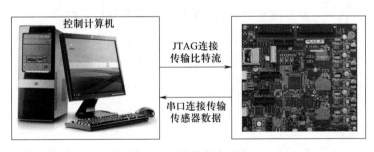

图 5-39   硬件实验环境

表 5-6   实验硬件设备及型号

实验硬件设备	设备型号
28 nm FPGA 芯片	Xilinx Zynq-7000 xc7z020clg484-1
45 nm FPGA 芯片	Xilinx Spartan-6 xc6slx9-2ftg256
65 nm FPGA 芯片	Xilinx Virtex-5 xc5vfx70t-1ff1136
控制计算机	Dell Optiplex 3010

在设计阶段,利用 Vivado/ISE 工具进行综合、布局布线及生成比特流,并加载到 FPGA 芯片中,通过串口模块传输传感器网络的输出数据到计算机,在计算机上利用开发的监控平台可进行实时观测。实时监控平台界面如图 5-40 所示。

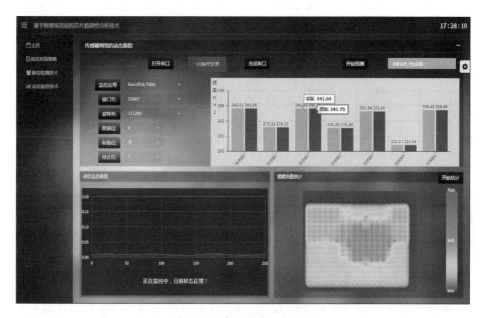

图 5-40 实时监控平台界面

在实验中,串口设置波特率为 115 200 波特,无校验位,数据位 8 位,停止位 1 位。环境温度为 20℃,驱动 FPGA 的时钟频率为 200 MHz。传感器中的 RO 为 5 阶,布局为 4×4 的布局方式。在木马检测算法中,设置时间间隔为 0.1 s 判定一次,预测模型建立过程中的 L 为 50 组数据,残差自相关求解时的 S 为 10,更新的时间间隔 V 为 1000 个时间间隔。

为了验证方法的有效性,利用 Trust-Hub 网站中的 8 种硬件木马测试电路进行实验,设置时钟频率为 100 MHz,并利用 Vivado/ISE 工具对电路进行功耗仿真实验,可获得木马激活前后 1 ms 内芯片功耗变化的情况。实验结果见表 5-7。

表 5-7 不同实验电路在木马激活前后 1 ms 内芯片功耗变化情况(室温)

实验电路名称	木马类型	木马功能	功耗变化/%
BasicRSA-T200	组合型	拒绝服务	25.00
BasicRSA-T400	时序型	泄露信息	14.29

续表

实验电路名称	木马类型	木马功能	功耗变化/%
AES-T1800	时序型	拒绝服务	9.79
BasicRSA-T100	组合型	泄露信息	7.69
AES-T1900	时序型	拒绝服务	5.77
RS232-T900	组合型	拒绝服务	2.32
AES-T700	时序型	泄露信息	1.88
RS232-T400	组合型	泄露信息	1.22

由此可见,实验包含了多种木马类型。需要注意的是,本方法仅对触发型木马有效,无法检测一直处于激活状态的木马。

实验中将有木马的样本下载到 FPGA 芯片中,对于不激活的样本,每次监控 60 min,观察是否出现虚警,并且进行 100 次实验,统计其实验结果;对于激活的样本,生成 100 个 0~60 min 的随机时间来控制木马激活,以模拟木马激活的随机性,同样重复 100 次实验,观察并统计其检出率及是否发生漏报。

最后,对传感器数量、芯片工艺、阈值步长等重要参数进行扩展实验,以全面分析方法的优劣。在进行扩展性实验时,分别针对三种不同功耗变化率(高、中、低各一个)的案例 BasicRSA-T200、AES-T1800 及 AES-T700 进行实验。在扩展实验中,除了被分析的目标参数外,其他步骤、参数及方法均与基础实验保持一致。

(1) 基础实验结果与分析

针对选定的 8 种有木马电路进行实验并统计其结果,具体情况见表 5-8。其中,正确即为实际样本中木马为未激活状态而判定结果为未激活状态以及实际样本中木马为激活状态而判定结果为激活状态的情况总和,虚警率指的是实际样本中木马为未激活状态而判定结果为激活状态的情况,漏报率指的是实际样本中的木马为激活状态而判定结果为未激活状态的情况,响应时间指的是木马激活时刻与本监控方法发现其激活的时间差,此处传输间隔为每 0.1 s 判定一次,不同的传输间隔会带来不同的响应时间。

从表 5-8 可看出,在 4×4 的传感器布局下,8 种木马实验电路的漏报率都低至 0%。虽然不同的电路存在不同程度的虚警率,但总体正确率在 98.5% 及以上。由于电路噪声会使传感器的频率出现波动,实验中存在一些虚警,但虚警率较低(小于等于 1.5%)。此外,从响应时间可以看出,功耗变化越明显的木马,激活后被检测出来的时间越短。

表 5-8 不同实验电路的监测结果

实验电路名称	正确率/%	虚警率/%	漏报率/%	响应时间/s
BasicRSA-T200	99.0	1.0	0.0	0.5
BasicRSA-T400	98.5	1.5	0.0	0.8
AES-T1800	99.0	1.0	0.0	0.8
BasicRSA-T100	99.0	1.0	0.0	1.1
AES-T1900	98.5	1.5	0.0	1.2
RS232-T900	99.5	0.5	0.0	1.8
AES-T700	98.5	1.5	0.0	2.0
RS232-T400	99.0	1.0	0.0	2.4

（2）传感器数量扩展实验

为了研究传感器数量变化对本方法的影响，针对不同的传感器布局进行了实验，分别为 2×2、3×3、4×4、5×5 及 6×6 等 5 种不同的布局，对应的传感器数量分别为 4、9、16、25 及 36 个。针对三种案例 BasicRSA-T200、AES-T1800 及 AES-T700 分别进行了实验。

图 5-41 给出了高功耗案例 BasicRSA-T200 的实验结果。总的来说，不同的传感器数量会带来虚警率与漏报率的变化。从漏报率的角度分析，随着传感器数量增加，漏报率逐渐下降，当传感器数量达到 16 个时，漏报率为 0，传感器继续增加，漏报率一直为 0，这是由于传感器数量越多其感知效果越好，但数量

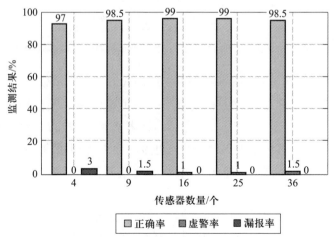

图 5-41 BasicRSA-T200 案例下不同传感器数量的监测效果

达到一定程度时,其感知范围便达到了全覆盖的效果。从虚警率的角度分析,随着传感器数量增加,虚警率越来越高,这是由于传感器的增加会引入更多的噪声。

图 5-42 给出了中功耗案例 AES-T1800 的实验结果。可以看到,不同的传感器布局也会带来不同的虚警率和漏报率。从漏报率的角度分析,当传感器数量为 4 个时,无法检测到木马激活的情况,这是由于传感器数量太少而原始电路过大,木马激活引起的温度特征波动不足以让传感器感知到,因此对于木马激活的实验全部漏报。但是,随着传感器数量的增加,漏报率也呈现下降的趋势,当传感器数量达到 16 个及以上时,已经没有漏报的情况。从虚警率的角度分析,传感器很少时,没有虚警的情况,更多的传感器会带来更多的噪声,并且其监控曲线偏高,会带来虚警的情况。

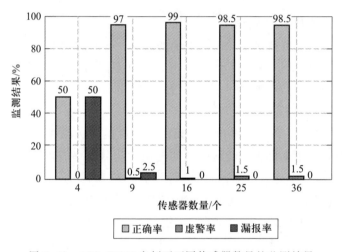

图 5-42   AES-T1800 案例下不同传感器数量的监测效果

图 5-43 给出了低功耗案例 AES-T700 的实验结果。可以看出,传感器不同数量带来的漏报率和虚警率变化与 AES-T1800 基本一致,当传感器数量为 4 个时,无法监测到木马激活的情况,但随着传感器数量的增加,对木马的监测效果越来越好。但传感器的增加仍然会引入更多的噪声,带来虚警率的增加。

经过以上三种不同功耗案例的实验,针对不同传感器数量对实验结果的影响,可知当传感器数量较少时,只有高功耗案例仍然可以监测到木马激活的情况,而对于中、低功耗木马案例,无法监测到木马而导致全部漏报。除此之外,三种案例均存在随着传感器数量的增加而引入虚警的情况。

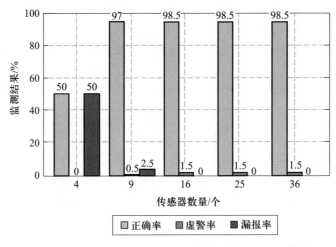

图 5-43 AES-T700 案例下不同传感器数量的监测效果

（3）芯片工艺扩展实验

为了研究本方法对不同芯片工艺的适用情况，本节分别对三种不同工艺的芯片进行扩展实验，芯片型号分别是 28 nm 的 Zynq-7000、45 nm 的 Spartan-6 以及 65 nm 的 Virtex-5。

如图 5-44 所示，对于高功耗案例 BasicRSA-T200，一方面，不同芯片工艺所对应的漏报率未发生变化，大小均为 0%，说明芯片工艺不会对漏报率产生影响。另一方面，当芯片工艺较先进，即为 28 nm 时，存在虚警的情况；而对于 45 nm 和 65 nm 的芯片工艺，不存在虚警情况。

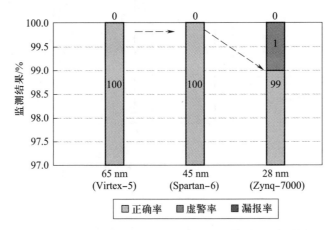

图 5-44 BasicRSA-T200 案例下不同芯片工艺的监测结果

图 5-45 给出了中功耗案例 AES-T1800 的实验结果。可以看出,一方面,芯片工艺的不同不会引起漏报率的变化,其漏报率一直为 0%;另一方面,随着芯片工艺越来越先进,集成度越来越高,出现了虚警的情况,并且虚警率呈现变大的趋势。

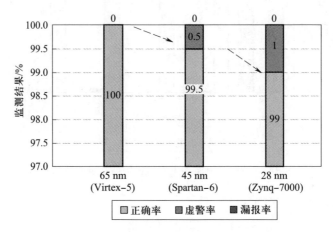

图 5-45　AES-T1800 案例不同芯片工艺的监测结果

图 5-46 展示了低功耗案例 AES-T700 的实验结果。总的来说,不同的芯片工艺所对应的漏报率仍一直为 0%,但是三种芯片工艺均存在虚警的情况,并且随着芯片工艺提高,虚警率呈现变大的趋势。

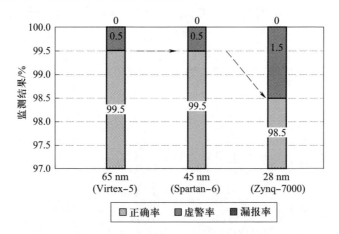

图 5-46　AES-T700 案例不同芯片工艺的监测结果

综上所述,芯片工艺对不同案例的漏报率没有影响,工艺的变化不会导致漏报的情况,但是随着芯片工艺的发展,虚警率呈现上升的趋势。分析其原因:芯片技术发展使得其集成度越来越高,随之功耗呈现整体放大的趋势,虽然本方法会受到功耗变化的影响,但功耗整体放大,即木马电路与基础电路的功耗均放大,对功耗变化比例影响不大,所以本方法仍然有效。但是芯片工艺的发展也使得芯片工作电压不断降低,而低电压更容易受到噪声干扰且噪声源广泛。因此,电路受噪声的随机性影响导致 RO 振荡频率产生波动,从而导致传感器的数据产生明显波动。当波动较大并持续时间较长时,便可能被监控模型认定为模型不匹配状态,从而产生虚警的情况。

（4）阈值判定步长扩展实验

为了验证不同阈值判定步长 H 对木马监测效果的影响,本节针对 BasicRSA-T200 这一实验案例进行了阈值判定步长 H 的扩展实验,H 取值分别为 1、3、5、7、9、11 及 13。图 5-47 给出了实验中虚警率和响应时间的统计结果。

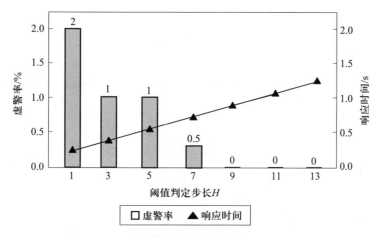

图 5-47 不同阈值步长对虚警率和响应时间的影响

可以看出,监测木马活性的响应时间与阈值判定步长呈线性正比关系,阈值判定步长越长其响应时间就越长。这是由于阈值判定步长的含义就是监控曲线连续超出门限的判定次数,其值越大,说明判定时所需要的时间越长,因此其响应时间也会随着增加。从虚警率的角度分析,当阈值判定步长在 1 到 9 之间时,随着步长的增加,虚警率呈现下降的趋势,并且当阈值判定步长达到 9 及以上时,其虚警率降至 0%,这是由于阈值判定步长的值越大,连续超出阈值的判定次数越多才可判定为木马激活状态,可以滤除掉小的数据波动引起的虚警情况,对于噪声引起的数据波动起到良好的降低虚警效果。经过以上分析,阈值判定步长对本方法的效果有很大影响,当响应速度的要求不高时,可以通过增加阈值判定步长的方法来减少虚警。

（5）与其他方法的比较

为了更好地分析本方法的优缺点，将本方法与目前已知的其他几种实时监测方法进行定性分析，并与其中两种比较先进的方法进行定量比较。

① 定性分析。目前存在的 3 种先进方法包括电流镜[36]、温度跟踪（Temperature Tracking，TT）[23,24]及混沌理论（Chaos Theory，CT）[37]，它们的方法流程图如图 5-48 所示。从是否依赖黄金模型、片上资源开销、木马覆盖范围以及硬件集成难度等 4 个方面分析这 3 种方法的优缺点，并与本节介绍的方法进行定性对比，具体分析结果如表 5-9 所示。

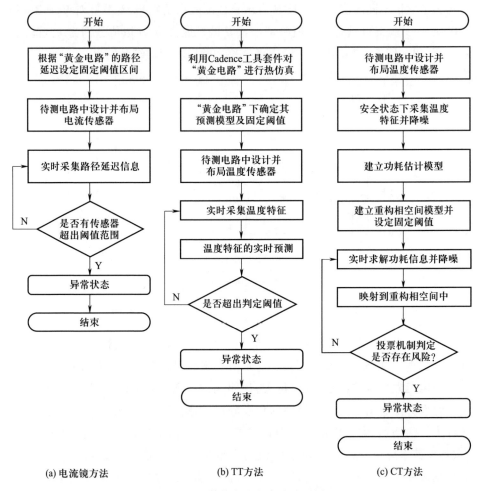

图 5-48 其他方法的方法流程图

表 5-9 不同实时监测方法的总结和分析

方法名称	黄金模型	片上资源开销	木马覆盖范围	硬件集成难度
温度场特征监控	不需要	N 个 RO,2 个计数器	造成功耗变化	易
电流镜	需要	N 个电流镜,N 个电流比较器,N 个扫描链寄存器	造成路径延迟变化	易
温度跟踪	需要	N 个 RO,N 个计数器	造成功耗变化	易
混沌理论	不需要	N 个 RO,N 个计数器	造成功耗变化	难

从黄金模型的角度分析,电流镜和 TT 方法依赖黄金模型。对黄金模型的依赖会对无黄金模型的应用场景存在限制,但本节基于温度场特征的硬件木马检测技术方法和 CT 方法是不需要黄金模型的,这使得其应用场景更加广泛,解决了没有黄金模型的应用场景限制。

从片上资源开销的角度分析,4 种方法均需要片上开销,对于需要温度传感器的 3 种方法来说,如果芯片中布局了 DTM 系统,便不需要额外的片上开销;对于没有 DTM 系统的场景,电流传感器的开销明显大于温度传感器的开销。在温度传感器中,本方法仅使用 2 个计数器,而其他方法的计数器与 RO 数量存在一一对应的关系。

从木马覆盖范围的角度分析,包括引起功耗变化、路径延迟等旁路信息变化的木马,其中 TT 和 CT 两种技术与本方法覆盖范围相同。

最后,从硬件集成难度的角度来看,CT 方法的实现难度最大,因为它不仅使用了 RC 热模型,还使用了重构相空间等系列技术,复杂度很高。

② 定量分析。将本章方法与 TT、CT 技术进行定量分析比较。通过对文献详细查阅[23,24,37],分别对三种案例 BasicRSA-T200、RS232-T900 以及 RS232-T400 进行对比,得到如下实验统计结果。

图 5-49 给出了三种方法监测木马的正确率。可以看出,针对三种案例,CT 方法的正确率均为 100%,监测效果最好;TT 方法对于 BasicRSA-T200 与 RS232-T900 的正确率也为 100%,但对于 RS232-T400 的正确率却大大降低,仅为 50%;本章方法对于三种案例的正确率均在 98% 及以上,并且针对 RS232-T400 的监测效果优于 TT 方法。

图 5-50 给出了三种方法虚警率的统计情况。可以看出,对于 BasicRSA-T200 与 RS2342-T900 两个案例来说,本章方法均存在虚警情况,而其他两种方法均没有虚警;对于 RS232-T400 案例来说,本章方法比 CT 方法虚警率高,但相

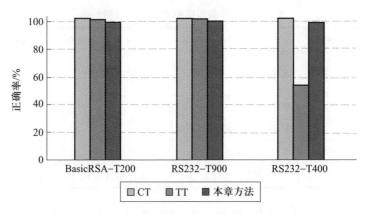

图 5-49　不同方法下三种案例的木马监测正确率对比图

比于 TT 方法,本章方法存在一定的优势,虚警率远低于 TT 方法,TT 方法的虚警率高达 50%。

图 5-51 给出了三种方法的漏报率统计情况。可以看出,针对三种实验案例,三种方法均没有漏报情况。在实际应用过程中,人们关注最多的便是漏报率,这是由于漏报会产生更大的危害性。

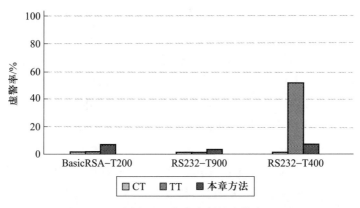

图 5-50　不同方法下三种案例的虚警率对比图

结合以上定性分析,针对三种方法的正确率、虚警率及漏报率进行对比,其优缺点分析如下:

(1) CT 方法的监测效果最好,针对不同案例的正确率均为 100%,但 CT 方法的硬件集成难度最大,因为它不仅使用了 RC 热模型进行功耗信息的获取,而且其重构相空间的算法复杂,硬件实现存在难度。

(2) TT 方法的监测效果存在不稳定性,这是由于它采取固定的阈值,因而

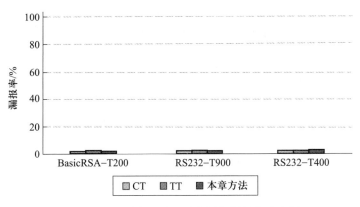

图 5-51　不同方法下三种案例的漏报率对比图

可能带来较高的虚警率。

（3）本章方法对于不同的案例都存在一定的虚警率，这是由于实际采集的传感器数据受电路噪声的影响，存在一定的波动情况，但是虚警率可以通过增加阈值判定步长的方式进一步降低，并且本方法所需的片上开销最少，硬件实现复杂度较低，易于实现和应用。

5.2.4　硬件木马定位方法

在发现芯片中存在木马后，往往需要进一步确定木马所在的位置，以便后续开展处置措施。本节将介绍一种针对硬件木马的定位方法，该方法主要基于偏差平方和的原理，能在木马被监测到之后快速对其进行定位。目前，国内外关于FPGA 运行阶段硬件木马的定位和防御的报道较少，文献［6］和文献［38］在拥有黄金电路的基础上，各自提出了基于温度特征差异来定位木马区域的方法，但是这些方法仅适用于测试阶段，难以在芯片工作阶段得到应用。本节在前述基于温度场的硬件木马实时监控技术的基础上，提出适用于芯片工作阶段的硬件木马定位方案。下面介绍该方法的基本原理和主要流程。

1. 温度特征用于木马定位的原理

目前已经存在多种利用温度特征进行木马检测的技术，其主要思想是将有木马电路与无木马电路相比，它们的功耗分布存在一定的差异，从而导致芯片温度特征存在微小的差异，在测试阶段可利用分类算法进行区分，实现木马电路的检测。但是，由于可能存在漏报，会有部分木马逃过检测进入芯片工作阶段。在芯片运行时，木马激活前后的温度特征差异相对明显，此时可利用前述基于温度场特征的木马监控方法对芯片安全状态进行监控,在电路持续稳定工作时,若监控到温度特征存在异常情况,则将其判定为木马激活状态。

同时,在拥有传感器网络的电路中,每个传感器都有其负责的区域(该区域大小与传感器感知区域有关),在此区域中,木马的激活会引起周围功耗变化并影响此区域的温度特征,因此木马电路周围的传感器可感知到温度特征的变化,从而监控到木马激活的状态。如果针对每个传感器独立观察,当木马激活时,其周围的传感器所表现的特征应与未激活时相比差异最大。如果能识别出这些温度特征的差异,就能根据传感器位置确定木马所在区域。

2. 扩大温度特征差异的方法

虽然温度特征的差异可以监控木马状态,但无法直接用来定位。为了扩大木马激活带来的芯片温度特征差异,本节引入偏差平方和的概念来实现定位算法。偏差平方和代表着木马激活后的温度特征与激活前所建立的目标数据之间的差异,该值越大表示差异越大。

针对所有的传感器数据进行偏差平方和的遍历求解,偏差平方和最大的传感器就表示它附近的状态在木马激活前后的表征参数差异最大,可认定木马电路位于该传感器附近。根据网格划分的传感器布局方式,便可大致确定木马区域。

偏差平方和公式为

$$SSE = \sum_{i=1}^{N} (d_i - f_i)^2 \qquad (5-57)$$

其中,d_i 是目标数据,表示木马未激活时获取的实际数据;f_i 是实际获取的数据,表示木马激活之后获取的实际数据。

对各个传感器获取的数据求解其偏差平方和,最终将各个偏差平方和放在一起比较,差异越大则表示木马激活之后该传感器周围的温度变化越大,也就说明木马可能位于该传感器周围,由此便实现了对木马的粗略定位。

对于布有传感器网络的芯片来说,利用偏差平方和的原理可以将木马区域定位到某个传感器附近。

3. 建立定位参考目标

定位算法基于偏差平方和的原理展开实施。定位算法主要分为两步:建立定位参考目标以及利用偏差平方和定位。下面对建立定位参考目标的过程进行介绍。

(1)采集温度特征矩阵。在木马未激活的安全状态下,采集 M_1 次传感器网络输出,每次采集 L_1 组传感器网络数据。将第 i 次采集的第 j 组数据的编号

为 k 的传感器标记为 $f_{i,j,k}$,其中 $i=1,2,\cdots,M_1,j=1,2,\cdots,L_1,k=1,2,\cdots,N$。$F_k$ 表示采集降噪之后的传感器 k 的总体数据,具体的表示方式为

$$F_k = \begin{pmatrix} f_{1,1,k} & \cdots & f_{1,L_1,k} \\ \vdots & & \vdots \\ f_{M_1,1,k} & \cdots & f_{M_1,L_1,k} \end{pmatrix} \qquad (5-58)$$

矩阵中每行代表的是每次采集的 L_1 组传感器网络数据。

（2）求解均值矩阵。本步骤主要是针对每个传感器进行目标向量的求解,对采集的 M_1 次数据求解均值作为目标数据。根据公式（5-58）中 F_k 的表示方式,针对每列元素求解均值,最终得到一个 L_1 维的行向量,具体的求解方法如公式（5-59）所示,其含义为传感器 k 的第 j 组数据的 M_1 次均值。传感器 k 的目标向量如公式（5-60）所示。

$$\bar{f}_{j,k} = \frac{1}{M_1} \sum_{i=1}^{i=M_1} f_{i,j,k} \qquad (5-59)$$

$$\overline{F}_k = [\bar{f}_{1,k} \quad \bar{f}_{2,k} \quad \cdots \quad \bar{f}_{L_1,k}] \qquad (5-60)$$

（3）构成目标数据。本节将所有传感器的均值目标向量作为后续定位模型的参考目标,从而为后续偏差平方和的求解奠定基础。参考目标矩阵的表示方式如公式（5-61）所示,其中每行表示的是单个传感器的参考目标向量。

$$\overline{F} = \begin{pmatrix} \bar{f}_{1,1} & \cdots & \bar{f}_{L_1,1} \\ \vdots & & \vdots \\ \bar{f}_{1,N} & \cdots & \bar{f}_{L_1,N} \end{pmatrix} \qquad (5-61)$$

4. 确定木马工作区域

通过以上步骤,可以确定定位模型的参考目标矩阵。在监控到木马激活的情况下,计算出木马所在的区域。具体流程如下。

（1）采集温度特征矩阵。监控到木马激活之后,采集传感器网络的输出数据,共采集 M_2 次,每次采集 L_1 组。此处需要注意的是,由于处理的数据必须与目标数据计算维度一致,所以每次采集的组数应与建立目标数据时保持一致。除此之外,为了定位的准确性,M_2 值不宜太大,如果太大,在木马对温度影响不是很明显的情况时,电路活性过高的位置累积的温度变化会掩盖木马引起的温度变化,从而导致定位错误。木马激活之后传感器 k 采集到的数据为 D_k,即

$$D_k = \begin{pmatrix} d_{1,1,k} & \cdots & d_{1,L_1,k} \\ \vdots & & \vdots \\ d_{M_2,1,k} & \cdots & d_{M_2,L_1,k} \end{pmatrix} \qquad (5-62)$$

矩阵元素由 $d_{z,j,k}$ 构成,其中,$z = 1,2,\cdots,M_2,j = 1,2,\cdots,L_1,k = 1,2,\cdots,N_\circ$

(2) 求解偏差平方和。根据参考目标矩阵,求解木马激活之后的状态数据与参考目标矩阵之间的偏差平方和。求解偏差平方和的过程是针对每个传感器数据独立进行求解的。下面以传感器 k 的数据为例进行具体介绍。

针对目标矩阵,利用采集的数据 $\boldsymbol{D}_k$,将采集的 M_2 次数据分别与目标矩阵进行偏差平方和的求解。以第 z 次采集的数据为例,偏差平方和的求解方法为

$$SSE_{z,k} = \sum_{j=1}^{j=L_1} (d_{z,j,k} - \bar{f}_{j,k})^2 \qquad (5-63)$$

分别针对采集的 M_2 次数据求解各自的偏差平方和,最终得到传感器 k 的全部偏差平方和 $\boldsymbol{SSE}_k$,具体的表达方式为

$$\boldsymbol{SSE}_k = (SSE_{1,k} \quad SSE_{2,k} \quad \cdots \quad SSE_{M_2,k}) \qquad (5-64)$$

因此,求得所有传感器的偏差平方和 $\boldsymbol{SSE}$ 矩阵为

$$\boldsymbol{SSE} = \begin{pmatrix} SSE_{1,1} & \cdots & SSE_{M_2,1} \\ \vdots & & \vdots \\ SSE_{1,N} & \cdots & SSE_{M_2,N} \end{pmatrix} \qquad (5-65)$$

(3) 判定木马所在位置。第一步,找到 $\boldsymbol{SSE}$ 矩阵中每列的最大值,该最大值对应的传感器编号即为可感知木马的传感器。第 z 次采集数据中最大偏差平方和所对应的传感器编号为

$$s_z = \max(SSE_{z,k}), \forall k \qquad (5-66)$$

最终得到 M_2 次数据的最大偏差平方和矩阵 $\boldsymbol{S}_{\max}$,即

$$\boldsymbol{S}_{\max} = \begin{bmatrix} s_1 & s_2 & \cdots & s_{M_2} \end{bmatrix} \qquad (5-67)$$

第二步,将矩阵 $\boldsymbol{S}_{\max}$ 中出现次数最多的传感器编号记为 s_T。此编号对应的传感器连续多次明显处于异常状态,意味着该传感器周围可能存在木马,木马的激活导致其偏差平方和最高。

第三步,确定木马所在区域,将所有区域的编号记为集合 $MOD_s = \{A_i, A_j, \cdots, A_c\}$。需要注意的是,定位算法应该在监测技术发现木马被激活后生效。如果没有此限制,定位算法也会求解出一个传感器编号,但此时各个传感器的偏差平方和仅仅代表正常电路引起的偏差,这些偏差总会有一个最大值,但与木马位置无关。

5. 硬件木马定位实验结果

本节使用 FPGA 芯片 Virtex-7 XC7VX485T-2FFG1761C 型号实施实验,实验环境与图 5-39 保持一致。实验中采用的温度传感器感知部分为 5 阶 RO,每个 RO 频率都通过串口传输到计算机进行后续处理。串口参数的配置与第

5.2.3 节的实验设置保持一致,待测模块的测试向量随机生成。

实验选取 Trust-Hub 网站上 6 种木马样本,具体电路为 BasicRSA-T200、BasicRSA-T400、AES-T1800、BasicRSA-T100、AES-T1900 及 AES-T700,木马的类型、功能及木马激活前后功耗变化情况见表 5-7。

实验过程中,在监测到激活的木马后启动定位流程。针对定位实验,对定位结果的正确性进行统计。定位正确是指定位确定的木马区域与真实的木马电路所在区域一致;反之则表示定位错误。定位正确率是指重复 100 次实验,定位正确的次数占总次数的比率;定位错误率则是指 100 次实验中定位错误的次数占总次数的比率。由于这两个比率总和为 1,在实验结果中只统计定位正确率。

(1)木马定位结果与分析

这里针对 6 种基本实验电路进行定位正确率的统计,传感器布局采用的是 4×4 的方形布局方式。在基础实验中,木马被放置于电路分布最密集的地方,该位置隐蔽,难以被发现,检测和定位都很困难。基础实验定位结果如图 5-52 所示,其中案例名称 BRSA 为 BasicRSA 的缩写。

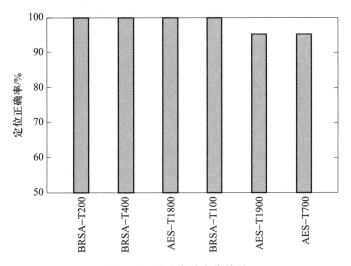

图 5-52 基础实验定位结果

可以看出,AES-T700 与 AES-T1900 这两种木马电路存在误定位的情况,其余 4 种木马电路在 100 次实验中均定位正确。AES-T700 的正确率最低,为 96%,它的功耗变化率为 1.88%,是 6 种电路中功耗变化最小的电路。因此,定位正确率与木马激活前后的功耗变化情况存在一定的关系,功耗变化越小的木马,定位时越容易发生错误。

（2）传感器数量扩展实验

为了研究传感器数量对本定位策略的影响，这里针对 3 种不同的木马电路进行传感器数量扩展实验，并对其定位正确率进行统计分析。这 3 种木马电路为 BasicRSA-T200、AES-T1800 及 AES-T700。

在实验过程中，其他条件保持不变，仅改变传感器为 2×2、3×3、4×4、5×5 及 6×6 等 5 种布局，对应传感器数量为 4、9、16、25 及 36 个。实验分别进行 100 次，具体统计结果如图 5-53 所示。

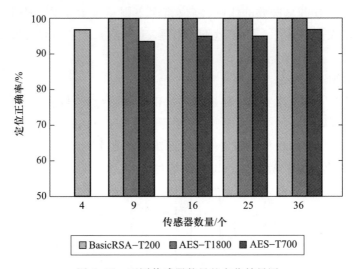

图 5-53　不同传感器数量的定位结果图

对于 BasicRSA-T200，当传感器数量为 4 个时存在定位错误的情况。研究案例中此电路木马激活前后功耗变化最大，其效果也是最好的。随着传感器数量的增加，保持其方形布局的布局方式不变，当传感器数量在 9 个及以上时，其定位正确率为 100%，且没有下降的趋势。

对于 AES-T1800，当传感器数量为 4 个时，无法对定位正确率进行统计，这是由于在传感器数量很少时，监测方法无法发现木马被激活，因而无法启动后续的定位运算。当传感器数量在 9 个及以上时，其定位正确率达到 100%。

对于 AES-T700，当传感器数量为 4 个时，与 AES-T1800 一样，在木马激活时无法监测到，因此定位无法正常进行。增加传感器的数量，其定位正确率达到 95% 以上。与前两种案例相比，该电路定位效果最差，这是由于其功耗变化最低，定位最困难。除此之外，随着传感器数量的增加，其定位正确率呈现上升趋势，这是由于在总体电路区域不变的情况下，更多的传感器会带来更精准的感知区域，因此定位到木马区域的概率更高，定位效果更好。

　　综上所述,对于不同功耗变化情况的木马电路,在保持方形布局不变的情况下,传感器数量越多定位效果越好,但是硬件资源开销也随之增大。因此,在资源开销要求没有太多要求的设计中,可适当地增加传感器数量来提高定位正确率。

　　(3) 木马位置扩展实验

　　这里针对不同木马位置进行扩展实验,分析当木马位于不同电路密度分布位置时的定位效果。

　　为了覆盖各个功耗变化区间,实验采用 3 种位于不同区间的案例进行实验,分别是 BasicRSA-T200、AES-T1800 与 AES-T700;所有案例均在传感器布局 4×4 的情况下进行,围绕不同的电路位置开展实验。根据各个案例的总体电路尺寸,将其按照 4×4 的网格划分为 16 份,在此基础上,统计 16 个区域在布局之后的电路分布密度情况并从高到低进行编号。选择序号为 1、8 和 16 的区域分别植入木马。其后,对各个实验的定位结果进行统计分析,结果如图 5-54 所示。

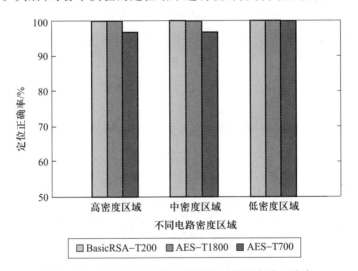

图 5-54　3 种案例下不同电路密度区域的定位正确率

　　注意:在 FPGA 芯片中,资源无法直接用逻辑门数量来衡量。Xilinx 公司的 FPGA 通常以 Slice 为基础单元进行衡量。在这种情况下,电路资源分布密度指的是在本区域中电路已占用 Slice 数与该区域 Slice 总数之比,该比值越大,表示该区域中电路分布越多,在每个网格区域 Slice 总数一致的情况下,该比值越大表示该区域电路密度越大。

　　对于高功耗案例 BasicRSA-T200 和中功耗案例 AES-T1800,木马位置对定位准确度影响不大,其在高密度区域定位正确率达到 100%,并且在中密度区域和低密度区域没有表现出下降的趋势,高正确率得到了很好的保持。

　　对于低功耗案例 AES-T700,其定位正确率呈现随着分布密度的降低而升高的趋势。在高密度区域和中密度区域,由于木马处于电路分布密集区,周围干扰电路较多,会遮蔽木马激活引起的温度特征变化,从而使得 RO 无法准确定位,存在定位错误的情况;在低密度区域,由于没有其他电路资源的干扰,定位正确率达到了 100%,此时的 RO 可准确对木马位置进行定位。

　　综上,木马位置对本方法的定位正确率存在一定的影响,特别是对低功耗的案例,当木马位于原始电路资源密度分布较低的区域时,更容易被发现并被准确定位。

5.2.5　硬件木马防御措施

　　针对木马的防御系统在发现木马及木马所在位置之后,需要及时阻止木马以免造成更大的危害。目前已发表的文献中鲜有讨论木马定位之后的处理方法。本节在发现并定位木马的基础上,对木马区域采取重配置操作以修复受损区域,从而限制木马发挥作用,为运行中的芯片构建一套完整的安全性解决方案。

　　1. 总体流程

　　硬件木马的定位和防御策略总体方案如图 5-55 所示。

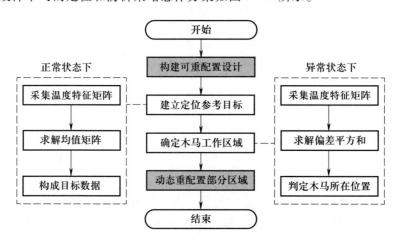

图 5-55　硬件木马定位和防御策略总体方案

　　总体方案由 4 个关键步骤组成。第一步,在设计阶段构建可重配置设计,确定各 RO 所在网格内的可重配置模块编号集。第二步,在芯片安全状态下建立定位参考目标数据,为后续的定位提供模型支持。第三步,在监测到木马被激活之后,利用偏差平方和方法对木马进行定位,确定木马的工作区域。第四步,针对木马的部分工作区域进行动态重配置,在不影响其他区域工作的同时修复木马区域的状态,限制木马不让其发挥作用。其中,第二、三步在前文已经介绍,下面介绍第一、四步。

2. 构建可重配置设计及动态重配置

在 FPGA 芯片上对电路构建可重配置设计,为后续的木马定位和处理提供技术支撑。整个设计包括监控模块和待测模块的布局。其中,监控模块指传感器网络,由 RO 及计数器构成;待测模块即芯片原有设计,大多数由多个子模块构成。

假设芯片设计中由 x 个关键的独立模块构成,将各个模块定义为 A_1, A_2,$\cdots$,A_x,各个模块之间是互斥的关系,不存在重叠的电路资源。然后,按照图 5-56 所示的流程构建可重配置设计模块。

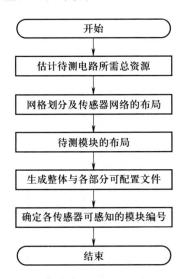

图 5-56 构建可重配置设计流程图

(1)估计待测电路所需总资源。在 FPGA 设计流程中,可利用设计工具对实现后的资源进行估计,得到整体资源所需要的 Slice 总数,再按照设计中布局 70% 资源、留有 30% 空余的规则,估计所需资源区域的长度和宽度。

(2)网格划分及传感器网络的布局。根据得到的长度和宽度可构成一个矩形区域,首先在此区域内按照 $m \times n$ 的方式进行网格划分,需要的传感器数量为 $N = m \times n$,然后将传感器的感知部分放置在每个网格的中心部分,如图 5-57(a)

所示,中间的圆圈即表示传感器的感知部分 RO 所在的位置,图中的编号既是网格编号亦是传感器编号。

　　传感器的构成除了 RO 部分,还有计数器作为转换模块,为了减少计数器对 RO 的影响,计数器的布局约束应远离待测区域,可通过将其布局在矩形区域外缘来减小其对感知部分的影响。

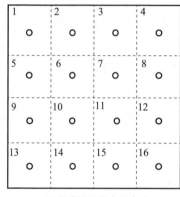

(a) 传感器网络布局完成　　　　　　　(b) 全部电路布局完成

图 5-57　布局效果示意图

　　(3) 待测模块的布局。根据传感器的感知范围,设计传感器之间区域的大小。按照区域大小与资源多少的匹配度进行各个待测模块的布局。需要注意的是,若某个模块所需的资源较多而空白区域没有足够资源时,需要重新调节可用的总资源数量以扩大空白区域。例如,如图 5-57(b) 所示,其中灰色区域就是各个可重配置模块电路资源划分区域。布局好所有电路资源之后,需要对可重配置区域重新进行编号,编号仍是以 A_i 的形式进行命名,按照从左往右、从上到下的顺序进行命名。

　　(4) 生成整体与各部分可重配置文件。此过程利用 FPGA 设计工具完成,最终得到 $x+1$ 个配置文件,包括为整体设计的配置文件 A. bit 以及 x 个模块各自的部分可重配置文件 A_1. bit,A_2. bit,$\cdots$,A_x. bit。部分可重配置文件与可重配置设计中的各个模块为一一对应的关系。

　　(5) 确定各传感器可感知的模块编号。按照各个可重配置模块布局的位置与传感器所在网格之间的交集关系,确定每个传感器负责范围内的待测模块编号集。以图 5-57(b) 为例,对每个传感器负责区域进行确定,对应情况如表 5-10 所示。

表 5-10 传感器编号、对应模块以及对应配置文件表

传感器编号	对应模块	对应可重配置文件
1	A_1、A_2	A_1. bit、A_2. bit
2	A_2、A_3、A_4	A_2. bit、A_3. bit、A_4. bit
3	A_3、A_4	A_3. bit、A_4. bit
4	A_3、A_4	A_3. bit、A_4. bit
5	A_1、A_2	A_1. bit、A_2. bit
6	A_2、A_4、A_5	A_2. bit、A_4. bit、A_5. bit
7	A_4、A_6	A_4. bit、A_6. bit
8	A_4、A_6	A_4. bit、A_6. bit
9	A_1、A_2	A_1. bit、A_2. bit
10	A_2、A_5、A_7	A_2. bit、A_5. bit、A_7. bit
11	A_6、A_7	A_6. bit、A_7. bit
12	A_6、A_7	A_6. bit、A_7. bit
13	A_1、A_2	A_1. bit、A_2. bit
14	A_2、A_7	A_2. bit、A_7. bit
15	A_7	A_7. bit
16	A_7	A_7. bit

根据以上的可重配置设计结构,最终可得到各个传感器所负责区域中的可重配置区域集,这为定位之后的操作提供了配置文件基础,从而可对木马感染区域进行刷新,以中断木马的激活状态。需要注意的是,在设计过程中要先对传感器进行布局,在此基础上再实现原始电路的布局。这是由于传感器资源需要固定并持续地感知芯片状态,无法布局在可重配置区域内。

接下来根据构建的可重配置设计及确定的木马工作区域,进行部分区域的动态重配置。首先,根据可感知木马的传感器标号 s 得到其感知范围内的模块集 $\mathrm{MOD}_s = \{A_i, A_j, \cdots, A_c\}$。然后,根据各个模块的 A_i. bit、A_j. bit 及 A_c. bit 等部分配置文件,在 FPGA 芯片正常运行状态进行重载,以刷新其配置情况。针对木马电路,可对其激活状态进行重置,刷新到未激活状态,从而达到限制木马发挥作用的目的。

需要注意的是,木马电路资源一般集中布局在一起,分散放置可能会使得原始电路的更改过大(如关键路径变长),因而更容易在测试阶段被检测出来。因此,本方法只研究电路资源集中放置的木马。

3. 硬件木马防御实验及实验结果

为了验证本方法的有效性,将开展多次实验进行总结和分析。这里使用的 FPGA 芯片型号以及 6 种木马电路与前文一致。为了观察木马是否被激活,将木马被激活的标志信号与 FPGA 板卡上的发光二极管(Light Emitting Diode, LED)相连接。随后,对 6 种木马电路进行实验,在木马被激活且定位后启动部分重配置操作,对木马所在区域进行刷新,同时,观察木马激活信号。若重配置之后的 LED 被重置,则标志着木马的状态被限制成功,也就是木马被成功处理。虽然木马仍然存在,但此时木马未被激活,没有对系统产生实质性危害。实验结果如表 5-11 所示。

表 5-11　实验结果统计表

序号	实验电路名称	重配置成功率/%
1	BasicRSA-T200	100
2	BasicRSA-T400	100
3	AES-T1800	100
4	BasicRSA-T100	100
5	AES-T1900	100
6	AES-T700	100

在定位成功的情况下,重配置成功率为 100%,即意味着只要定位正确便可重配置成功,且木马不再工作。因此,本方法对保护 FPGA 硬件安全性具有一定意义。

5.3　本章小结

本章介绍了 FPGA 电路层的硬件木马检测技术。该技术可在不具备 HDL 代码和网表文件的前提下,利用芯片电路层特性检测芯片内是否有硬件木马。本章主要介绍了两种电路层硬件木马检测技术,分别是基于时钟树电磁辐射的硬件木马检测技术和基于芯片温度场特征的硬件木马监控方法。

对于采用时钟树电磁辐射的硬件木马检测技术,本章分析了硬件木马的植入对于 FPGA 时钟树造成的影响,并据此提出了一种基于 FPGA 电磁辐射旁路的硬件木马分析方法。首先,设计了一种采集电磁辐射的实验框架,可采样 FPGA 时钟树的电磁边信道数据,以尽量减小无关的噪声影响;其次,依据 2DPCA 方法和神经网络算法分析电磁旁路数据;最终,检测 FPGA 中植入的硬件木马。为了验证该方法的有效性,对 9 个测试电路进行了实验,并针对实验中的一些关键变量进行了讨论,包括探头移动步径、扫描区域、环境温度、探针高度以及采样深度。实验表明,该方法具有较高的准确性和可扩展性。

对于采用温度场特征的硬件木马监控方法,本章首先介绍了温度场感知方法,即通过 RO 的振荡频率和延迟时间的变化感知温度场的变化,且提出了 RO 布局优化理论。其次,介绍了温度场特征表征方式,并在此基础上说明了激活的硬件木马对温度特征的影响。再次,提出了一套基于温度特征的硬件木马实时监控方法,分别对传感器网络设计与布局方法、温度特征采集与降噪技术、预测模型建立过程、温度特征动态跟踪流程以及硬件木马的实时监控方案进行了详细描述。为了验证方法的有效性,对含有木马的电路进行了实验,统计了监测结果,并对传感器数量、芯片工艺及阈值判定步长等 3 个影响因子进行了扩展实验,分析了这 3 个参数对实验结果的影响。最后,提出了硬件木马定位和防御技术,利用温度特征的偏差平方和来确定木马位置,并基于动态重配置技术刷新木马区域的工作状态,限制木马发挥作用。实验证明,本方法对 FPGA 硬件木马的防御有效。

参考文献

[1] Zhang J,Lin Y,Lyu Y,et al. A PUF-FSM binding scheme for FPGA IP protection and pay-per-device Licensing[J]. IEEE Transactions on Information Forensics and Security,2015,10 (6):11357−1150.

[2] Zhang J,Wu Q,Lyu Y,et al. Design and implementation of a delay-based PUF for FPGA IP protection[C]. International Conference on Computer-Aided Design and Computer Graphics, Guangzhou,2013:107−114.

[3] Colombier B,Mureddu U,Laban M,et al. Complete activation scheme for FPGA-oriented IP cores design protection[C]. 27th International Conference on Field Programmable Logic and Applications (FPL),Ghent,2017:17239290.

[4] Agrawal D,Baktir S,Karakoyunlu D,et al. Trojan detection using IC fingerprinting[C]. 2007 IEEE Symposium on Security and Privacy (SP '07),Oakland,2007:296−310.

[5] Jin Y,Makris Y. Hardware Trojan detection using path delay fingerprint[C]. 2008 IEEE In-

ternational Workshop on Hardware-oriented Security and Trust, Anaheim, 2008:51-57.

[6]   Nowroz A N, Hu K, Koushanfar F, et al. Novel techniques for high-sensitivity hardware Trojan detection using thermal and power maps[J]. IEEE Transactions on Computer-Aided Design of Integrated Circuits and Systems, 2014, 33(12):1792-1805.

[7]   Soll O, Korak T, Muehlberghuber M, et al. EM-based detection of hardware Trojans on FPGAs [C]. 2014 IEEE International Symposium on Hardware-Oriented Security and Trust (HOST), Arlington, 2014:84-87.

[8]   He J, Zhao Y, Guo X, et al. Hardware Trojan detection through chip-free electromagnetic side-channel statistical analysis[J]. IEEE Transactions on Very Large Scale Integration (VLSI) Systems, 2017, 25(10):2939-2948.

[9]   Ngo X T, Exurville I, Bhasin S, et al. Hardware Trojan detection by delay and electromagnetic measurements[C]. Proceedings of the 2015 Design, Automation & Test in Europe Conference & Exhibition, Grenoble, 2015:782-787.

[10]   Agrawal D, Archambeault B, Rao J R, et al. The EM side-channels[C]. International Workshop on Cryptographic Hardware and Embedded Systems, Redwood Shores, 2002:29-45.

[11]   Yang J, Zhang D, Frangi A F, et al. Two-dimensional PCA:A new approach to appearance-based face representation and recognition[J]. IEEE Transactions on Pattern Analysis and Machine Intelligence, 2004, 26(1):131-137.

[12]   Naiel M A, Abdelwahab M M, El-Saban M. Multi-view human action recognition system employing 2DPCA[C]. 2011 IEEE Workshop on Applications of Computer Vision (WACV), Breckenridge, 2011:270-275.

[13]   Rumelhart D E, Hinton G E, Williams R J. Learning representations by back-propagating errors[J]. Nature, 1986, 323:533-536.

[14]   Cilimkovic M. Neural Networks and Back Propagation Algorithm[D]. Ireland Blanchardstown:Institute of Technology Blanchardstown, 2015, 15-18.

[15]   Su T, Shi J, Tang Y, et al. Golden-chip-free hardware Trojan detection through thermal radiation comparison in vulnerable areas[C]. IEEE 19th International Conference on Trust, Security and Privacy in Computing and Communications (TrustCom), Guangzhou, 2020:1052-1059.

[16]   Cozzi M, Galliere J M, Maurine P. Exploitingphase information in thermal scans for stealthy Trojan detection[C]. 21st Euromicro Conference on Digital System Design (DSD), Prague, 2018:573-576.

[17]   Shen G, Tang Y, Li S, et al. A general framework ofhardware Trojan detection:Two-level temperature difference based thermal map analysis[C]. 11th IEEE International Conference on Anti-counterfeiting, Security, and Identification (ASID), Xiamen, 2017:172-178.

[18]   Guo S, Wang J, Chen Z, et al. Securing IoT Space via Hardware Trojan Detection[J]. IEEE

Internet of Things Journal,2020,7(11):11115-11122.

[19] Zhang X,Tehranipoor M. RON:An on-chip ring oscillator network for hardware Trojan detection[C]. 2011 Design,Automation & Test in Europe,Grenoble,2011:1-6.

[20] Zhang X,Ferraiuolo A,Tehranipoor M. Detection of Trojans using a combined ring oscillator network and off-chip transient power analysis[J]. ACM Journal on Emerging Technologies in Computing Systems (JETC),2013,9(3):25-30.

[21] Köse S,Friedman E G. Efficient algorithms for fast IR drop analysis exploiting locality[J]. INTEGRATION,the VLSI Journal,2012,45(2):149-161.

[22] Wu C W,Verma D. A sensor placement algorithm for redundant covering based on riesz energy minimization [C]. 2008 IEEE International Symposium on Circuits and Systems, Seattle,2008:2074-2077.

[23] Forte D,Bao C,Srivastava A. Temperature tracking:An innovative run-time approach for hardware Trojan detection[C]. Proceedings of the International Conference on Computer-Aided Design,San Jose,2013:532-539.

[24] Bao C,Forte D,Srivastava A. Temperature tracking:Toward robust run-time detection of hardware Trojans[J]. IEEE Transactions on Computer-Aided Design of Integrated Circuits and Systems,2015,34(10):1577-1585.

[25] Li J,Lach J. At-speed delay characterization for IC authentication and Trojan horse detection [C]. 2008 IEEE International Workshop on Hardware-Oriented Security and Trust, Anaheim,2008,8-14.

[26] Narasimhan S,Yueh W,Wang X,et al. Improving IC security against Trojan attacks through integration of security monitors [J]. IEEE Design & Test of Computers, 2012, 29(5): 37-46.

[27] Zhang Y,Srivastava A,Zahran M. On-chip sensor-driven efficient thermal profile estimation algorithms[J]. ACM Transactions on Design Automation of Electronic Systems,2010,15 (3):1-22.

[28] Jang J,Kim J,Oh R,et al. All digital on-chip temperature sensor using dual ring oscillators [C]. 2013 International Conference on Electronics, Circuits, and Systems (ICECS), Abu Dhabi,2013:181-184.

[29] An Y J,Jung D H,Ryu K,et al. An energy-efficient all-digital time-domain-based cmos temperature sensor for soc thermal management [J]. IEEE Transactions on Very Large Scale Integration (VLSI) Systems,2015,23(8):1508-1517.

[30] Chung C C,Yang C R. An autocalibrated all-digital temperature sensor for on-chip thermal monitoring [J]. IEEE Transactions on Circuits and Systems,2011,58(2):105-109

[31] Skadron K,Stan M R. Temperature-aware microarchitecture:Modeling and implementation [J]. ACM Transactions on Architecture and Code Optimization,2004,1(1):94-125.

[32] Zhang Y, Srivastava A. Adaptive and autonomous thermal tracking for high performance computing systems[C]. Design Automation Conference, Anaheim, 2010, 68−73.

[33] Sharifi S, Liu C, Rosing T. Accurate temperature estimation for efficient thermal management [C]. International Symposium on Quality Electronic Design, San Jose, 2008: 137−142.

[34] Zhang Y, Srivastava A, Zahran M M. On-chip sensor-driven efficient thermal profile estimation algorithms[J]. ACM Transactions on Design Automation of Electronic Systems, 2010, 15(3): 1−22.

[35] Sebastiano F, Breems L J. A 1.2v 10μw NPN-based temperature sensor in 65nm CMOS with an inaccuracy of ±0.2℃ from −70℃ to 125℃ [C]. Solid-state Circuits Conference, San Francisco, 2010: 312−313.

[36] Cao Y, Chang C H, Chen S. Cluster-based distributed active current timer for hardware Trojan detection [C]. 2013 IEEE International Symposium on Circuits and Systems (ISCAS), Beijing, 2013: 1010−1013.

[37] Hong Z, Luke K, Kwiat K A, et al. Applying chaos theory for runtime hardware Trojan monitoring and detection[J]. IEEE Transactions on Dependable and Secure Computing, 2018, 17 (4): 716−729.

[38] 钟晶鑫, 王建业, 阚保强. 基于温度特征分析的硬件木马检测方法[J]. 电子与信息学报, 2018, 40(3): 743−749.

第6章 FPGA 逻辑漏洞挖掘方法

逻辑漏洞是 FPGA 硬件脆弱性的表现之一。与硬件木马不同的是,逻辑漏洞是设计人员无意间引入的设计缺陷。逻辑漏洞同样可以被攻击者利用[1-6],使 FPGA 遭受性能降低、功能异常以及信息泄露等威胁,从而威胁到 FPGA 芯片安全。

由于 FSM 中容易隐藏逻辑漏洞,因此本章主要介绍面向 FSM 的逻辑漏洞挖掘方法。基于 FSM 的 FPGA 逻辑漏洞挖掘总体框架如图 6-1 所示。

该方法挖掘逻辑漏洞的输入是 HDL 源代码,HDL 源代码是从综合到生成比特流等一系列 FPGA 开发设计步骤的原始输入[7]。以 HDL 源代码作为逻辑漏洞挖掘的对象主要有以下原因:首先,逻辑漏洞是在 FPGA 开发阶段产生的,HDL 源代码完整保留了开发者的所有逻辑设计,包括设计过程中无意引入的逻辑漏洞信息。其次,当挖掘出设计中的逻辑漏洞后,若开发人员需要对漏洞进行修复,则需要对相应的开发文件进行改进,与 FPGA 设计流程中的网表、比特流等开发文件相比,HDL 源代码更易于修改。

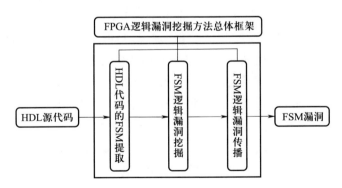

图 6-1 FPGA 逻辑漏洞挖掘方法总体框架

针对输入的 HDL 源代码,本章首先介绍一种信号搜索算法,以获取 HDL 代码中的关键信息。在得到关键信息之后,本章设计了一种基于自动测试向量生成(Automatic Test Pattern Generation,ATPG)提取 HDL 代码中 FSM 的算法,并结合动态仿真技术,补充完善 FSM 中可能被遗漏的状态跳转条件。在获得完整 FSM 后,结合第 2 章已经介绍的 FSM 基本漏洞类型和漏洞传播模型,对二义性和特殊状态这两种逻辑漏洞类型分别进行分析,从而挖掘出 FSM 中存在的逻辑漏洞。

6.1　HDL 代码的 FSM 提取技术

目前,国内外在 FSM 提取方法的研究上已经取得了一定的进展[8-10]。然而,近年来逻辑漏洞引发的信息安全事件频发[11-16],业界对硬件安全的要求越来越高。作为 FSM 逻辑漏洞挖掘的关键环节,业界对 FSM 提取方法也提出了更高的要求,具体表现在 FSM 提取的完整性、正确性和可操作性。基于上述背景,本节将介绍的 HDL 代码的 FSM 提取技术主要有以下特点:

(1)能够识别 HDL 代码中的 FSM 结构,且能够以较高效率提取 HDL 代码中的 FSM。现有的 FSM 识别提取方法往往操作性不强,例如文献[10]枚举了可能的状态转移条件,然后通过回溯删除不满足条件的状态转移过程,该方法只适用于简单的设计,对于复杂的设计,很容易出现数据爆炸的问题,难以操作。文献[8]使用了常规的自动测试向量生成技术,需要设计扫描链并选择扫描方式,当需要提取的 FSM 较多时,该方法的效率较低。本节将介绍的 FSM 提取方法具有较高的可操作性。

(2)在 FSM 提取时,这里介绍的漏洞挖掘方法输入的是 HDL 源代码,不是网表文件、比特流文件等经过 EDA 软件"加工"后的设计文件。因此,该方法能够排除 EDA 软件的干扰,从而挖掘出原始设计中的漏洞。例如在文献[8]中,研究人员发现 EDA 工具在综合 HDL 代码的过程中,可能会在原始设计的 FSM 中引入无关状态并和其他状态建立状态转移关系。由此可见,使用 EDA 工具可能会对原始设计形成干扰,从而加大逻辑漏洞挖掘的难度。此外,在 FPGA 开发设计流程中,越早发现设计中的逻辑漏洞,弥补漏洞的成本就越低。因此,本节以 FPGA 开发的源头——HDL 源代码为研究对象,向读者介绍一种 HDL 代码的 FSM 提取方法。

(3)本节介绍的 FSM 提取方法在传统的 ATPG 方法上进行了改进,保证了提取出的 FSM 的完整性。文献[8,9]中提出的 FSM 提取方法能够提取 HDL 代码中的 FSM,然而文献[8]中的 FSM 提取方法使用了 ATPG 工具,而 ATPG 工具产生的测试向量并不一定完整,这导致该方法提取的 FSM 中状态转移条件可能不全;文献[9]通过模块关系识别控制部分的 FSM,然后提取该 FSM,但是 HDL代码中的 FSM 通常不止一个,如果只提取控制部分的 FSM,就无法发现设计中其他部分存在的漏洞。

　　本节所介绍 HDL 代码的 FSM 提取方法流程图如图 6-2 所示。该方法以HDL 源代码为输入,首先对 HDL 代码中的 FSM 结构进行识别,得到 FSM 结构中的相关变量以及变量之间的关系。然后,对 FSM 结构进行等效变换,使用ATPG 工具对变换后的 FSM 进行初步提取。最后,对初步提取的 FSM 进行分析,筛选出提取不完整的 FSM,使用仿真方法将不完整的 FSM 补全,最终得到FSM 完全提取的结果,为后续 FSM 的逻辑漏洞挖掘提供重要依据。

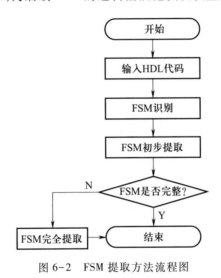

图 6-2　FSM 提取方法流程图

6.1.1　FSM 结构识别

　　在 FSM 结构识别之前,需要先对 HDL 代码中的 FSM 结构进行定义。一般来说,FSM 基本结构包括输入、输出、状态存储器、当前状态输出和上一状态输入,在 HDL 源代码中,一般使用寄存器进行状态存储。实际逻辑电路中寄存器之间的连接关系往往较为复杂,为了凸显寄存器之间的相互关系,便于从 HDL代码中提取 FSM,这里抽象出 HDL 代码中的 FSM 一般结构,如图 6-3 所示。该结构与传统的 FSM 结构相比,加入了前级寄存器,使得该 FSM 结构更加符合HDL 代码的实际情况。

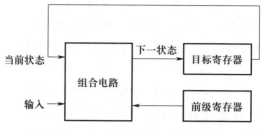

图 6-3   HDL 代码中的 FSM 一般结构

FSM 结构识别流程图如图 6-4 所示,首先需要对 HDL 代码进行词法分析,将代码内容转化为符号流的形式。然后,对符号流进行语法分析,生成抽象语法树,将代码内容存入抽象语法树中。最后,对 HDL 代码进行语义分析,这里提出了一种信号搜索算法,该算法通过遍历抽象语法树,提取出 FSM 结构中的输入、组合电路、目标寄存器和前级寄存器,识别出 FSM 结构。

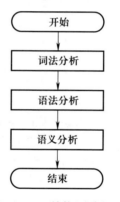

图 6-4   FSM 结构识别流程图

1. 词法分析

为了实现对 HDL 源代码中 FSM 结构的识别和信息存储,需要先对 HDL 源代码进行词法分析。词法分析是编译过程中的第一步,用于词法分析的程序称作词法分析器。词法分析过程如下:首先,词法分析器读入 HDL 源代码,并将其转化为字符流;然后,词法分析器对字符流进行扫描,根据已定义的词法规则,识别字符流中的词法单元并输出。词法分析流程如图 6-5 所示。

这里选取 flex 作为词法分析工具。在编写语言上,flex 通常使用 C 语言,方便易行。在文件格式上,flex 采用定义、规则及辅助函数三段式的形式,以“%%”为分隔符分隔上述部分,相对其他工具来说更加简洁。

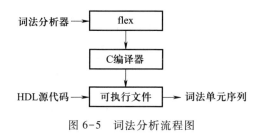

图 6-5　词法分析流程图

2. 语法分析

得到词法单元序列后,这里将借助 bison 工具进行语法分析,将词法单元序列转化成抽象语法树进行存储。语法分析主要流程如图 6-6 所示。首先,程序读入词法单元序列;然后,根据制定的语法规则,将词法单元组合成各种类型的语法短语,并以抽象语法树的形式存储。在本书中,语法分析器使用规约法建立抽象语法树。

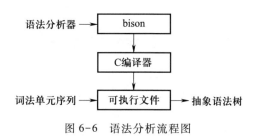

图 6-6　语法分析流程图

与 flex 相似,bison 同样使用 C 语言编写语法分析器。文件格式包含声明、文法规则和辅助函数三个部分,中间用"％％"分隔。

bison 中存在终结符和非终结符的概念。终结符是不可再分的文法符号,在 bison 中即为输入的基本文法单元。非终结符可以由终结符和非终结符等文法结构来表达。bison 采用规约的方式建立抽象语法树。例如,通过文法规则"非终结符:终结符 1+终结符 2"可以构建如图 6-7 所示的抽象语法树结构。

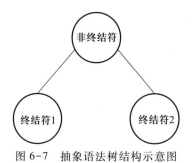

图 6-7　抽象语法树结构示意图

3. 语义分析

语义分析的目的是对代码上下文的相关性和类型信息进行审查,从而发现待测代码中是否存在语义错误。采用先序遍历的方式遍历抽象语法树,如图 6-8 所示。通过遍历,若当前节点为变量定义节点,存储变量的类型信息;若当前节点为赋值语句节点,首先存储该变量的赋值表达式,然后使用正则匹配等方法分析赋值表达式,分离出赋值表达式中的所有影响变量。影响变量定义如下。

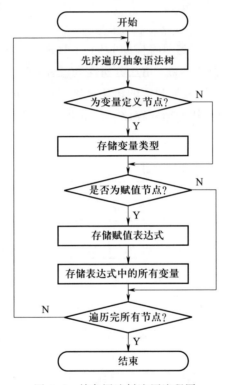

图 6-8　抽象语法树遍历流程图

定义 6.1　影响变量。对于变量 v,若 v 的赋值表达式为 $f(V)$,其中集合 $V = \{v_1, v_2, \cdots, v_n\}$,则 $\forall v_i \in V, i = 1, 2, \cdots, n$,都有 v_i 为 v 的一个影响变量。

在完成 FSM 结构识别之后,接下来将介绍一种信号搜索算法,其主要流程如图 6-9 所示。该算法遍历寄存器集合,对于每个寄存器变量,将其作为目标寄存器,使用寄存器搜索算法提取并存储影响变量集合中的前级寄存器变量和输入变量。若影响变量集合中还存在普通线性变量,则使用普通线性变量搜索算法,最终得到目标寄存器的所有前级寄存器和输入。

设寄存器变量集合为 $R = \{r_1, r_2, \cdots, r_n\}$,输入变量集合为 $I = \{i_1, i_2, \cdots, i_n\}$,

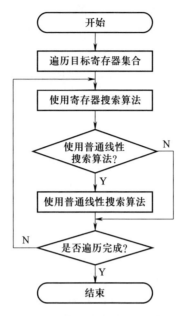

图 6-9　信号搜索算法流程图

线性变量集合为 $W = \{ w_1, w_2, \cdots, w_n \}$。$\forall r_i \in R$，其影响变量集合为 $V_i = \{ v_{i1}, v_{i2}, \cdots, v_{in} \}$。

信号搜索算法包括寄存器搜索算法和普通线性变量搜索算法两部分,其主要步骤分别介绍如下。

（1）寄存器搜索算法

第一步:任选 $r_i \in R$,且 r_i 未被遍历过。获取其影响变量集合 $V_i = \{ v_{i1}, v_{i2}, \cdots, v_{in} \}$。设 r_i 的前级寄存器变量集合为 Q,前级寄存器的输入变量集合为 P。进入第二步。

第二步:任选 $v_{ij} \in V_i$,且 v_{ij} 未被遍历过,进入第三步。

第三步:若 $v_{ij} \in R$,将 v_{ij} 加入 Q,进入第四步;若 $v_{ij} \in I$,将 v_{ij} 加入 P,进入第四步;若 $v_{ij} \in W$,进入普通线性变量搜索算法,并传入集合 P、Q 和变量 v_{ij}。

第四步:若遍历完 V_i,进入第五步;若没有遍历完成,则返回第二步。

第五步:若遍历完 R,结束算法;若没有遍历完成,则返回第一步。

（2）普通线性变量搜索算法

第一步:接收集合 P、Q 和线性变量 v_i,进入第二步。

第二步:获取 v_i 的影响变量集合 $V_i = \{ v_{i1}, v_{i2}, \cdots, v_{in} \}$,进入第三步。

第三步:任选 $v_{ij} \in V_i$,且 v_{ij} 未被遍历过,进入第四步。

第四步：若 $v_{ij} \in R$，将 v_{ij} 加入 Q，进入第五步；若 $v_{ij} \in I$，将 v_{ij} 加入 P，进入第五步；若 $v_{ij} \in W$，进入普通线性变量搜索算法，并传入集合 P、Q 和变量 v_{ij}。

第五步：若遍历完 V_i，结束算法；若没有遍历完成，则返回第三步。

通过以上算法，输入 HDL 源代码，通过词法分析、语法分析和语义分析等步骤，可成功识别 FSM 结构。

6.1.2　FSM 初步提取

在识别出 HDL 源代码中的所有 FSM 结构之后，本小节将根据识别信息对 HDL 源代码进行 FSM 初步提取。FSM 初步提取的流程如图 6-10 所示。FSM 初步提取可分为 3 个步骤：第一步是对 FSM 结构进行等效变换，为此本节将介绍一种 FSM 结构的等效变换算法，并使用该算法在 HDL 源代码中完成 FSM 结构的等效变换；第二步为使用 ATPG 技术生成 FSM 数据，将完成 FSM 结构等效变换后的 HDL 代码作为输入，输出包含 FSM 信息的 ATPG 数据；第三步为处理包含 FSM 信息的 ATPG 数据，通过对输出的 ATPG 数据进行数据处理，得到 FSM 初步提取的结果。

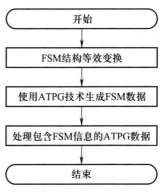

图 6-10　FSM 初步提取流程图

1. FSM 结构等效变换

与传统的提取方法相比，本节为了实现 FSM 初步提取，需要对 HDL 代码中的原始 FSM 结构实施等效变换，主要原因如下：

（1）提取 FSM 的本质是找出当前状态、转移条件和下一状态之间的关键信息，即对某一当前状态以及转移条件的取值进行组合，找出其对应的下一状态。通过 FSM 结构识别，当前状态、转移条件和下一状态的信号位置已经确定。为了明确当前状态和转移条件的取值,传统的设置方法通常通过构造扫描链来对寄存器进行赋值操作,这种方式需要根据设计中具体的电路结构构建相应的扫描链,可操作性较差。

（2）传统方法从 HDL 源代码中提取 FSM 时,通常是先提取代码中的控制流和数据流等信息,并以此为依据提取 FSM。由于 HDL 代码的设计风格多样,常常会出现模块数量较多的情况。如果在该情况下使用传统方法,需要先对 HDL 代码中的模块进行识别、确定模块之间的连接关系、匹配代码设计风格等步骤,从而导致基于传统方法的 FSM 提取时间开销较大。

（3）在以前的研究中,FSM 提取针对的往往只是设计中的逻辑控制部分,而要挖掘出整个设计中所有 FSM 相关的逻辑漏洞,就需要对 HDL 源代码中所有的 FSM 进行提取。当需要提取的 FSM 数量较多时,采用传统方法会耗费大量的时间和人力,这导致传统的 FSM 提取方法在本章的逻辑漏洞挖掘场景下并不适用。

有鉴于此,本节将介绍一种新型的 FSM 提取方法,该方法对单个 FSM 的提取简单易行,但需要先对 FSM 结构进行等效变换。

FSM 等效变换示意图如图 6-11 所示,FSM 结构的等效变换只保留了原始 FSM 结构中的组合电路部分,而对前级寄存器、目标寄存器等部分进行了修改,并增加了一些其他电路元器件和端口,以实现等效变换。

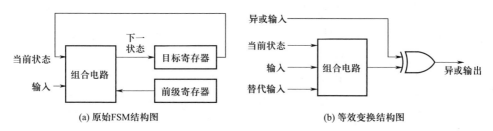

图 6-11 FSM 等效变换示意图

对于 FSM 结构变换后的等效性定义如下。

定义 6.2 FSM 结构变换的等效性。根据图 6-11,将原始 FSM 的当前状态、输入和前级寄存器取值分别记为 v_1, v_2, v_3,变换后的 FSM 的当前状态、输入和替代输入取值分别记为 v_4, v_5, v_6。则当 $v_1 = v_4, v_2 = v_5, v_3 = v_6$ 时,若组合电路的输出相同,则该 FSM 结构变换具有等效性。

根据图 6-11,可以设计 FSM 结构等效变换算法,算法共包括 3 个阶段:首先,对前级寄存器进行等效变换;然后,对目标寄存器部分进行等效变换;最后,添加异或门。

设当前目标寄存器为 f_s，其前级寄存器集合为 $F = \{f_1, f_2, \cdots, f_n\}$，输入集合为 $I = \{i_1, i_2, \cdots, i_n\}$。设 HDL 源代码中所有赋值语句集合为 $\Phi = \{\varphi_1, \varphi_2, \cdots, \varphi_n\}$，其中 $\varphi_i = \varphi_i(V_i)$，$\varphi_i$ 为逻辑函数，$V_i = \{v_1, v_2, \cdots, v_n\}$，其中 $\{v_1, v_2, \cdots, v_n\}$ 为 φ_i 中变量的影响变量集合。

（1）前级寄存器的等效变换

具体步骤如下：

第一步：输入 HDL 源代码。

第二步：任选 $f_i \in F$，f_i 未被遍历过，且 $f_i \neq f_s$。

第三步：若 $\exists \varphi_i \in \Phi$，使得 HDL 源代码中语句为 $f_i = \varphi_i$，则从集合 Φ 中移除 φ_i。

第四步：在 HDL 源代码中，添加输入端口 PI_i。

第五步：$\forall \varphi_i \in \Phi$，若有 $f_i \in V_i$，则从 V_i 中移除 f_i，并添加 PI_i 到 V_i 中以代替 f_i。

第六步：判断是否遍历完集合 F，若已遍历完，输出 HDL 代码，结束本算法，进入目标寄存器处理。否则，进入第二步。

（2）目标寄存器等效变换

具体步骤如下：

第一步：输入前级寄存器处理后输出的 HDL 代码。

第二步：若 $\forall \varphi_j \in \Phi$，使得 HDL 代码中语句为 $f_s = \varphi_j$，则添加普通线性变量 w，并在 HDL 代码中添加语句 $w = \varphi_j$。

第三步：在 HDL 代码中，添加输入端口 PI_s。

第四步：$\forall \varphi_i \in \Phi$，若有 $f_s \in V_i$，则从 V_i 中移除 f_s，并添加 PI_s 到 V_i 中以代替 f_s。

第五步：输出 HDL 代码，结束本算法，进入添加异或门算法并传入参数 w。

（3）添加异或门

具体步骤如下：

第一步：输入目标寄存器处理后输出的 HDL 代码，接收参数 w。

第二步：添加二输入异或门 XOR。

第三步：添加输入端口 PI_{XOR} 及输出端口 PO_{XOR}。

第四步：将 PI_{XOR} 和 w 分别与 XOR 的两个输入端连接，并将 PO_{XOR} 与 XOR 的输出端连接。

第五步：输出 HDL 代码，结束本算法。

基于 FSM 结构变换的等效性定义,对于上述 FSM 结构等效变换算法的等效性证明如下。

证明 6.1 FSM 结构变换前后具备等效性。

证明 第一步:易知,变换前的当前状态、输入集合和前级寄存器集合取值分别为 f_s、I 和 F,组合电路的输出为 $\varphi_j = \varphi(V_j)$,$V'_j = \{f_s, I, F\}$。

第二步:由变换过程知,变换后的当前状态、输入集合和前级寄存器集合取值分别为 PI_s、I 和集合 $PI = \{PI_1, PI_2, \cdots, PI_n\}$,组合电路的输出为 $w = \varphi'_j = \varphi(V'_j)$,$V'_j = \{f_s, I, F\}$。

第三步:当 $\forall f_i \in F$,$\forall PI_i \in PI$,$i = 1, 2, \cdots, n$,都有 $f_i = PI_i$ 时,可得 $F = PI$。

第四步:又因为 $f_s = PI_s$,可得 $V_j = V'_j$,所以 $\varphi(V_j) = \varphi(V'_j)$。

第五步:由分析可得,$w = \varphi'_j = \varphi_j$,即得证。

2. ATPG 生成 FSM 数据

如图 6-12 所示,经过 FSM 结构等效变换后,为了得到 FSM 的当前状态、转移条件和下一状态等数据,可将 FSM 结构等效变换后输出的 HDL 代码输入 ATPG 工具,并利用 ATPG 技术,获得 FSM 相关信息。

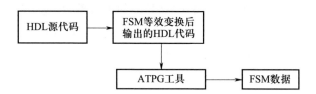

图 6-12 ATPG 生成 FSM 数据过程示意图

ATPG 技术通常使用在半导体测试中。在使用 ATPG 技术时,通过将测试向量施加在输入端,然后比较实际输出和预估输出,从而判断测试结果是否正确。因此,该技术经常用于故障检测及故障覆盖率检测等研究中。这里选择使用 ATPG 技术,而不是普通的仿真和测试等技术,具体原因如下:

(1) ATPG 技术能够自动生成测试向量,只要做好相关设置即可。而仿真等普通方法需要设计人员枚举测试向量,进行人工干预,可操作性不强。

(2) 在本研究中,ATPG 技术只需要输入待测的 HDL 代码文件即可,不产生过多的中间文件,流程简单易行。而仿真等普通方法通常需要生成 testbench 等中间文件,同时要使用其他仿真工具进行仿真,流程较复杂,对计算和存储能力要求较高。

这里使用 Synopsys 公司的 ATPG 工具 TetraMax。该工具具有高速、高性能的特点,且测试覆盖率较高,适用于百万门级的 FPGA 设计。关于 ATPG 技术的相关设置主要包括 ATPG 模式设置和故障类型设置。在 TetraMax 中,ATPG 模式包含 Basic-scan ATPG、Fast-sequential ATPG 和 Full-sequential ATPG 等三种；故障类型有固定型故障、传输延迟故障、路径延迟故障以及桥接故障等,具体介绍如下。

　　Basic-scan 模式是默认的 ATPG 模式,该模式下的 ATPG 使用全扫描的方式扫描,并且只针对组合逻辑部分；Fast-sequential 模式对非扫描元器件的扫描提供有限的支持,允许数据通过非扫描单元进行传播；Full-sequential 模式对复杂逻辑设计的支持性更高,并且支持 RAM 和 ROM 模块的扫描。

　　固定型故障分为固定 1 型故障和固定 0 型故障。固定 1 型故障表示存在故障的信号处的信号值恒为 1,固定 0 型故障表示存在故障的信号处的信号值恒为 0。传输延迟故障和路径延迟故障则是源于设计失误以及元件参数变化等因素,这些因素能够使得信号和元器件时延发生变化[16]。桥接故障是指当电路出现短路情况时,有可能产生该类型的故障。存在桥接故障的地方,通常会存在桥接信号的信号值始终相同的情况。

　　基于上述分析,ATPG 生成 FSM 数据的流程如图 6-13 所示。在该流程中共需要三步,第一步是约束条件设置,对其他的无关输入进行设置,无关输入指的是图 6-11(b)中不存在的输入端口。第二步是对 ATPG 模式和故障类型进行设置,该步骤是决定 ATPG 运行速度和可操作性的关键步骤。第三步是运行ATPG 工具,生成 FSM 数据。

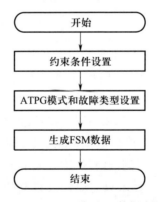

图 6-13　ATPG 生成 FSM 数据流程图

　　在 ATPG 模式和故障类型设置中,本方法选择使用 Basic-scan 的 ATPG 模式和固定 1 型故障,原因阐述如下。

　　由 FSM 结构等效变换算法可知,FSM 结构中的目标寄存器和前级寄存器经过变换后已经移除,并用输入端口代替。因此,FSM 结构的待测部分其实是组合电路部分,由 Basic-scan 模式的特性可知,对于组合逻辑部分的扫描,该模式快速高效,因此这里所采用的 FSM 提取方法的时间开销将大幅降低。同时,为了与 Basic-scan 相匹配,在故障类型方面,这里选择使用固定 1 型故障,且该故障设置在 FSM 结构等效变换后的异或门输出上。其后,添加的异或门输入 PI_{XOR} 即等于下一状态的取值。

证明 6.2 FSM 下一状态信号取值等于连接到异或门输入的输入端口的取值。

证明 第一步:设连接到异或门输入的输入端口为 PI_{XOR},组合电路输出为 w,异或门输出为 PO_{XOR},组合电路逻辑功能为 $\varphi(v_i)$,$v_i \in V$,v_i 为连接到组合电路输入端的输入变量,集合 $V = \{v_1, v_2, \cdots, v_n\}$ 为 ATPG 工具产生的测试向量集合。

第二步:由 FSM 结构等效变换可知,v_i 为当前状态和转移条件的变量集合,$w = \varphi(v_i)$。

第三步:由 ATPG 工具产生测试向量的原理可知,当在 PO_{XOR} 设置为固定 1 型故障时,$\forall v_i \in V$,都有 $PO_{XOR} = 0$。

第四步:又因为 $PO_{XOR} = w \oplus PI_{XOR}$,所以有 $w = PI_{XOR}$。

第五步:又因为组合电路输出 w 即为下一状态的信号,所以 PI_{XOR} 等于下一状态信号取值,即得证。

基于上述分析,由于 ATPG 工具产生的测试向量即为电路输入端口的取值组合,所以,经过 ATPG 工具后,生成的 FSM 数据包含了 FSM 的当前状态、转移条件和下一状态等 FSM 的关键数据。

3. FSM 数据处理

经过 ATPG 工具生成的 FSM 数据本质上是一串测试向量,为了让 FSM 数据使用更方便,这里介绍的 FSM 提取方法将按照当前状态、下一状态及转移条件对测试向量进行分类,得到分类处理后的 FSM 数据。在 ATPG 数据中,数据以<信号,取值>的键值对形式存在。

为了实现测试向量的分类,本节将介绍的 FSM 数据处理方法包含如下步骤。

第一步:设 ATPG 数据集合为 $D = \{d_1, d_2, \cdots, d_n\}$,$d_i = <K, V>$,$i = 1, 2, \cdots, n$,其中集合 $K = \{k_1, k_2, \cdots, k_n\}$ 为输入端口集合,集合 $V = \{v_1, v_2, \cdots, v_n\}$ 为输出取值集合,d_i 表示 $\forall k_i \in K$,$i = 1, 2, \cdots, n$,都有对应的取值 $v_i \in V$。设集合 $F = \{f_1, f_2, \cdots, f_n\}$ 为 FSM 数据集合,其中 $f_i = \{S_m, C, S_n\}$,$i = 1, 2, \cdots, n$,$S_m = \{s_{m1}, s_{m2}, \cdots, s_{mn}\}$

表示当前状态取值集合，s_{mi} 是键值对，$C=\{c_1,c_2,\cdots,c_n\}$ 表示转移条件集合，c_i 是键值对，$S_n=\{s_{n1},s_{n2},\cdots,s_{nn}\}$ 表示下一状态取值集合，s_{ni} 是键值对。设前级寄存器的替代输入集合为 PI_{fns}，连接异或门输入的输入端集合为 PI_{XOR}，连接组合电路的输入端集合为 PI_{in}，目标寄存器的替代输入集合为 PI_{ffs}。

第二步：遍历集合 D，设当前遍历 ATPG 数据为 $d_i\in D$。

第三步：遍历集合 K，设变量为 $k_i\in K,i=1,2,\cdots,n$。若 $k_i\in PI_{fns}\|k_i\in PI_{in}$，则将 $k_i=v_i$ 作为键值对 $c=<k_i,v_i>$ 加入集合 C。若 $k_i\in PI_{ffs}$，则将 $k_i=v_i$ 作为键值对 $s_m=<k_i,v_i>$ 加入集合 S_m。若 $k_i\in PI_{XOR}$，则将 $k_i=v_i$ 作为键值对 $s_n=<k_i,v_i>$ 加入集合 S_n。若集合 K 遍历完成，进入第四步；否则，返回第三步。

第四步：将第三步得到的 f_i 加入 F 中。若遍历完集合 D，F 即为分离后的 FSM 数据，结束算法；否则，返回第二步。

通过上述方法可完成 FSM 数据分类的工作。根据上述方法得到的 FSM 数据的特点，本方法设计了一种数据格式，用于存储处理后的 FSM 数据，具体格式如下：

当前状态：当前状态取值集合
下一状态：下一状态取值集合
转移条件：转移条件取值集合

综上，通过 FSM 结构等效变换、ATPG 生成 FSM 数据和 FSM 数据处理等步骤，可从 HDL 代码中初步提取出 FSM 结构。此外，将 FSM 数据以特定的数据格式存储，作为后续完善 FSM 结构和逻辑漏洞挖掘任务的基础。

6.1.3　FSM 完全提取

无论是 TetraMax 还是其他 ATPG 工具，它们设计的初衷并不是为了提取 FSM。ATPG 工具的设计者追求的通常是测试向量尽量少，故障覆盖率尽量高。因此，在 FSM 初步提取过程中，虽然使用 ATPG 技术得到了 FSM 的初步提取结果，但由于测试向量并不能实现全覆盖，采用 ATPG 工具提取的 FSM 不一定是完整的，后续还需要进行 FSM 的完全提取，得到最终的 FSM 提取结果。

FSM 完全提取流程如图 6-14 所示。首先输入 FSM 初步提取结果，并对该结果进行 FSM 完整性检测。然后，根据检测结果，对不完整的 FSM 进行 FSM 完全提取，最后输出完整的 FSM。

FSM 完全提取的第一步是 FSM 的完整性检测，该步骤主要实现两个目标：确定初步提取的 FSM 的完整性以及不完整的 FSM 需要补充哪些数据。

由 FSM 的特点可知,FSM 的完整性主要表现在转移条件的完备性。对于一个特定的 FSM,若该 FSM 的转移条件没有覆盖所有可能存在的情况,说明该转移条件是不完备的,由此可以判断所提取的该 FSM 的数据也是不完整的。基于该原理,下面介绍一种 FSM 完整性检测方法,其主要步骤如下:

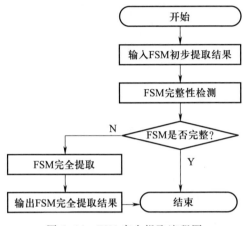

图 6-14 FSM 完全提取流程图

第一步:设初步提取的 FSM 的转移条件集合为 $C_1 = \{c_{11}, c_{12}, \cdots, c_{1n}\}$,连接到组合电路输入端的信号集合为 $W = \{w_1, w_2, \cdots, w_m\}$。

第二步:在 W 中,$\forall w_i \in W, i = 1, 2, \cdots, m$,将该信号可能取值的数量设为 m_i,得到取值数量集合 $M = \{m_1, m_2, \cdots, m_n\}$。

第三步:计算转移条件的总数 $num = \prod_{i=1}^{i \leqslant m} m_i, m_i \in M$。

第四步:比较集合 C 的转移条件数和第三步的计算结果。若 $num = n$,则该 FSM 的转移条件是完整的,FSM 初步提取结果即为最终 FSM,结束算法。若 $num > n$,则该 FSM 的转移条件不完整,输出该 FSM 需要进行 FSM 完全提取,进入第五步。若 $num < n$,由理论分析这种情况不可能出现,因此输出第一步或第二步的统计结果有误,需重新统计,返回第一步。

第五步:计算所有可能的转移条件,设该集合为 $C_2 = \{c_{21}, c_{22}, \cdots, c_{2num}\}$。

第六步:设需要补充的转移条件的集合为 C_3,遍历集合 C_2,设当前遍历的转移条件为 $c_{2i} \notin C_1, i = 1, 2, \cdots, num$。若 $c_{2i} \notin C_3$,则将 c_{2i} 加入 C_3。遍历完成后,输出 C_3,结束算法。

在完成 FSM 完整性检测后,对于需要进行完全提取的 FSM,下面介绍一种基于仿真的 FSM 完全提取方法,其流程如图 6-15 所示。首先,利用完整性检测发现的缺失转移条件,生成相应的仿真文件。然后,通过 Modelsim 对仿真文件进行仿真。最后,结合仿真结果补全缺失转移条件从而补全初步提取的 FSM 数据,最终实现 FSM 的完全提取(注:转移条件缺失可能是本身设计缺陷或者 FSM 初步提取疏漏,需通过仿真来进一步确定)。

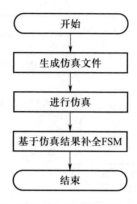

图 6-15   基于仿真完全提取 FSM 流程图

生成仿真文件主要是根据缺失的转移条件,对 FSM 中的组合电路的输入进行约束。具体操作方法如下:

第一步:设缺失的转移条件的集合为 $C = \{c_1, c_2, \cdots, c_n\}$,目标寄存器的状态集合为 $S = \{s_1, s_2, \cdots, s_m\}$,FSM 的当前状态信号表示为 s_k,下一状态信号表示为 PI_{XOR}。

第二步:遍历集合 C,设当前遍历转移条件为 $c_i, i = 1, 2, \cdots, n$。

第三步:任选 $s_j, s_k \in S, j = 1, 2, \cdots, m, k = 1, 2, \cdots, m$,生成仿真文件,该文件中约束 $PI_{ffs} = s_j$,$PI_{XOR} = s_k$,转移条件取值为 c_i,对异或门的输出 PO_{XOR} 的值进行仿真。

第四步:判断状态组合 s_i 和 s_j 是否遍历集合 S 的所有两两组合结果(s_i 可以与 s_j 相等)。若已遍历,进入第五步;否则返回第三步。

第五步:判断是否遍历集合 C,若已遍历,结束算法;否则,返回第二步。

得到仿真文件后,向仿真工具 Modelsim 输入仿真文件,然后进行仿真。仿真的目的是判断给定的转移条件对应的上一状态和下一状态是否正确,直到验证完所有待测状态。

由证明 6.2 可知,当 ATPG 工具在异或门输出处设置固定 1 型故障时,产生的向量会使得异或门输出为 0。因此,对于待补全 FSM 的正确状态转移,设输入序列为 $PI = \{pi_1, pi_2, \cdots, pi_n\}$,则对应的异或门输出 $PO_{XOR} = 0$。因此,当 $PO_{XOR} = 0$

时,仿真文件的输入序列即为用于补全 FSM 的序列。

根据上述分析,基于仿真结果补全 FSM 的具体方法如下:

第一步:设异或门输出为 PO_{XOR}。

第二步:遍历仿真结果,若 $PO_{XOR}=0$,保存该仿真文件对应的输入序列。

第三步:使用 FSM 数据处理方法对第二步保存的输入序列进行处理,得到补充序列。

第四步:使用补充序列补充 FSM 中缺失的数据,使输出的 FSM 数据完整。

6.2 FSM 逻辑漏洞挖掘方法

FSM 漏洞的挖掘主要包括两个部分,即二义性漏洞挖掘和特殊状态的漏洞挖掘。本节将首先介绍二义性漏洞挖掘的方法,然后介绍 FSM 的特殊状态漏洞挖掘。

1. FSM 二义性漏洞挖掘

如图 6-16 所示,FSM 的二义性漏洞挖掘包括互斥性分析及完备性分析,最后输出分析结果。下面详细介绍。

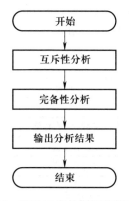

图 6-16　FSM 二义性漏洞挖掘流程图

(1) 互斥性分析

具体分析步骤如下:

第一步:设 FSM 的状态集合 $S=\{s_1,s_2,\cdots,s_n\}$,转移条件集合 $C=\{c_1,c_2,\cdots,c_m\}$,下一状态计数 num。

第二步:遍历集合 S,设当前遍历状态为 $s_i \in S$。

第三步:遍历集合 C,设当前遍历转移条件为 $c_j \in C$,令 $num = 0$。

第四步:遍历集合 S,设当前遍历状态为 $s_k \in S$。若存在状态转移,以 $c_j \in C$ 为当前状态,c_j 为转移条件,以 s_k 为下一状态,则 $num = num + 1$。

第五步:若 $num > 1$,则输出该 FSM 不满足互斥性,结束算法;否则,若已遍历集合 C,进入第六步;若没有遍历,返回第三步。

第六步:若已遍历集合 S,输出该 FSM 满足互斥性,结束算法;否则,返回第二步。

（2）完备性分析

具体分析步骤如下:

第一步:设状态集合 $S = \{s_1, s_2, \cdots, s_n\}$,转移条件集合 $C = \{c_1, c_2, \cdots, c_m\}$。

第二步:遍历集合 S,设当前遍历状态为 $s_i \in S$。

第三步:遍历集合 C,设当前遍历转移条件为 $c_j \in C$。

第四步:若以 s_i 为当前状态,c_j 为转移条件,$\forall s_k \in S$,都有 s_k 不是下一状态,则输出该 FSM 不满足完备性,结束算法;否则,进入第五步。

第五步:若已遍历集合 C,进入第六步;否则,返回第三步。

第六步:若遍历集合 S,输出该 FSM 满足完备性,结束算法;否则,返回第二步。

2. FSM 特殊状态的漏洞挖掘

在检测完二义性漏洞后,还需要进行特殊状态的漏洞挖掘研究。如图 6-17 所示,FSM 的特殊状态检测首先进行"死状态"检测,然后进行"活状态"检测,最后输出检测结果。

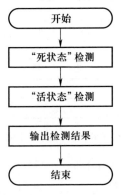

图 6-17　FSM 特殊状态漏洞挖掘流程图

（1）"死状态"检测

具体步骤如下:

第一步:设 FSM 的状态集合为 S,对于状态 $s_i \in S$,以该状态为当前状态的状态转移集合为 $T_i = \{t_{i1}, t_{i2}, \cdots, t_{in}\}$。

第二步:遍历集合 S,设当前遍历状态为 $s_i \in S$。

第三步:遍历集合 T_i。若 $\forall t_{ij} \in T_i$,都有 t_{ij} 的下一状态为 s_i,则输出存在"死状态"s_i,进入第四步;否则,直接进入第四步。

第四步:判断是否遍历 S。若遍历,结束算法;否则,返回第二步。

(2)"活状态"检测

具体步骤如下:

第一步:设状态集合为 $S = \{s_1, s_2, \cdots, s_n\}$,对于 $s_i \in S$,以该状态为下一状态的状态转移集合为 $T_i = \{t_{i1}, t_{i2}, \cdots, t_{in}\}$。

第二步:遍历集合 S,设当前遍历状态为 $s_i \in S$。

第三步:检测集合 T_i,若 $T_i = \varnothing$,则输出存在"活状态"s_i,进入第四步;否则,直接进入第四步。

第四步:判断是否遍历集合 S。若已遍历,结束算法;否则,返回第二步。

6.3 FSM 逻辑漏洞传播性分析

在对 FSM 进行基本类型漏洞的挖掘后,本节将介绍一种 FSM 漏洞传播分析方法。该方法以 FSM 二义性和"死状态"这两种基本漏洞类型作为漏洞传播的起点,通过 FSM 的漏洞传播模型进行分析,并输出 HDL 代码中存在的 FSM 传播型漏洞。如图 6-18 所示,根据 FSM 漏洞传播模型可知,FSM 基本类型漏洞是通过寄存器之间的数据传递实现传播的。

因此,在 FSM 漏洞传播分析中,首先基于 HDL 代码信息对寄存器进行分级。然后,对寄存器分级信息和环路识别信息进行处理。如果下一级寄存器在环路中,进行漏洞同级传播分析;如果下一级寄存器不在环路中,则进行漏洞分级传播分析,直到到达电路的输出为止。最后,输出漏洞传播分析结果,结束漏洞传播分析。

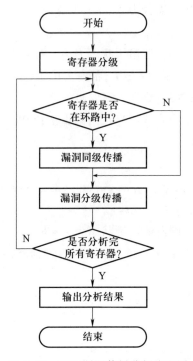

图 6-18　FSM 漏洞传播分析流程图

6.3.1　寄存器分级

　　FSM 漏洞传播的关键在于寄存器之间存在数据传递。为了方便进行 FSM 漏洞传播分析,需要统一寄存器之间的数据流方向,并且对寄存器进行分级处理和环路处理。本节将电路中由寄存器构成的环路作为一个整体进行分析,并将电路输入到输出的方向作为整体数据流方向。具体原因如下:

　　(1)在没有环路的简单电路中,由逻辑电路知识可知,电路的数据流方向是从电路输入到电路输出。

　　(2)在存在环路的复杂电路中,如图 6-19 所示,寄存器之间的数据流方向并不一定与电路输入到输出的方向相同。因此,若将寄存器构成的环路整体作为电路的节点分析,可以达到统一数据流方向的目的。同时,对于环路内部,再进行环路的漏洞传播分析。这样既简化了整个漏洞传播分析的过程,又不会出现对 FSM 数据分析不全面的情况。

　　(3)寄存器分级是重要流程之一。当把寄存器环路看作整体时,在寄存器分级中,可以将环路中的所有寄存器当作同一级寄存器进行处理。这样能够简化电路的寄存器分级操作,有利于漏洞传播分析。

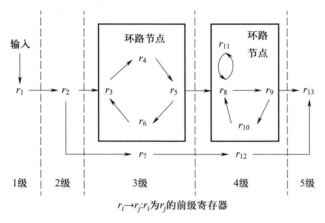

图 6-19　将寄存器环路作为整体处理

基于上述分析,本节提出了一种寄存器分级方法。该方法首先根据图论的相关理论知识,结合电路特点,建立有向图模型。然后,根据有向图模型识别电路中的环路。最后,基于环路识别的结果,完成寄存器分级,并存储各个寄存器的级数信息。

在阐述有向图模型建立步骤之前,先介绍寄存器分级所采用的有向图的定义。

定义 6.3　有向图。使用二元组 $G(V,E)$ 表示有向图。其中,G 表示有向图,G 中所有顶点,用集合 V 表示;G 中所有有向边,用集合 E 表示。在 G 中,有向边用有序偶 $<v_i,v_j>$ 表示,其中,$v_i,v_j \in V$,该有向边的方向为从顶点 v_i 到顶点 v_j,此时,称 v_i 邻接到 v_j,v_j 邻接自 v_i。如果一个图中,连接任意两个顶点的边为有向边,那么该图为有向图[17]。

基于上述有向图定义,本节将对寄存器分级问题进行抽象,即以电路的寄存器为有向图的顶点,寄存器之间的数据传递为有向图中的有向边。建立有向图模型的过程如下。

第一步:建立顶点集合 V。电路中寄存器集合为 $R = \{r_1, r_2, \cdots, r_n\}$。为了描述电路中寄存器和有向图中顶点的一对一关系,使用符号 $r_i \to v_i, r_i \in R, v_i \in V$。在 $G(V, E)$ 中,顶点集合 V 有如下性质:

（1）$\forall r_i \in R, \exists v_i \in V, v_i$ 唯一,使得 $r_i \to v_i$ 成立。

（2）$\forall v_i \in V, \exists r_i \in R, r_i$ 唯一,使得 $v_i \to r_i$ 成立。

第二步:建立有向边集合 E。对于 $E=\{<v_i,v_j>|v_i,v_j\in V\}$,$E$ 有如下性质: $\forall <v_i,v_j>\in E$,都 $\exists r_i,r_j\in R$,使得 $r_i\rightarrow v_i$ 和 $r_j\rightarrow v_j$,且 r_i 为 r_j 的前级寄存器。

在建立有向图模型后,将对 HDL 代码所提取的 FSM 进行寄存器环路识别。该操作主要包括初级环路识别和环路聚合两个步骤,下面分别详细介绍。

(1)初级环路识别

第一步:设环路集合为 C,已访问过的顶点集合为 W,并初始化 $C=\varnothing$,$W=\varnothing$。设置临时变量 v,设置栈结构 S。

第二步:任选 $v_i\in V$,$v_i\notin W$,令 $v=v_i$。

第三步:访问 v,并将 v 压入栈 S,然后将 v 加入集合 W 中,表示已访问。设邻接到 v 的所有顶点中,未被遍历访问的顶点构成集合 L。

第四步:以 v 为起点,进行有向图的深度优先遍历,设当前遍历顶点为 $v_j\in L$,v_j 压入栈 S。

第五步:若 $\exists v_k\in S$,使得 $v_k=v$,则记录环 c,并将 c 加入 C。特别说明的是,c 同样为集合,且元素为寄存器变量,$\forall v_l\in C$,都有 $v_i\in V$。

第六步:若 $L=\varnothing$,$V-W\neq\varnothing$,则返回第二步。若 $L\neq\varnothing$,则返回第四步。若 $L=\varnothing$,$V-W=\varnothing$,则存储集合 C,结束算法。

(2)环路聚合

第一步:输入初级环路识别结果 C^*,设置环路集合变量为 C,环路聚合集合为 Q,令 $C=C^*$。

第二步:对于集合 $C=\{c_1,c_2,\cdots,c_n\}$,设置标志集合 $F=\{f_{11},f_{12},\cdots,f_{nn}\}$。集合 F 含义为 $\forall f_{ij}\in F$,若 $f_{ij}=1$,则表示 $\exists c_i,c_j\in C$,且进行过 $c_i\cap c_j$ 运算;若 $f_{ij}=0$,则表示未进行 $c_i\cap c_j$ 运算。

第三步:若对于 $\forall c_i,c_j\in C$,都有 $f_{ij}=1$,则进入第六步;否则,进入第四步。

第四步:任选 $c_i,c_j\in C$,且 $f_{ij}=0$,若 $c_i\cap c_j\neq\varnothing$,则进入第五步;否则,返回第三步。

第五步:令 $q_{ij}=(c_i,c_j)$,将 q_{ij} 加入 Q 中,返回第三步。

第六步:若 $Q=\varnothing$,则直接输出 C,结束算法;否则,令 $C=Q$,$Q=\varnothing$,返回第二步。

在识别电路的寄存器环路后,根据图 6-11(a)的 FSM 结构,按照前级寄存器和目标寄存器的关系,提出一种基于 FSM 的寄存器分级方法,该方法的分级步骤如下:

第一步:输入环路识别结果集合 C,设寄存器集合为 $R=\{r_1,r_2,\cdots,r_n\}$,级数集合为 $G=\{g_1,g_2,\cdots,g_n\}$。设以寄存器 $r_i\in R$ 为前级寄存器的目标寄存器集合

为 R_i，r_i 的级数为 $g_i \in G$。设置基础级数参数为 $g_0 = 0$，级数等于 g_0 的寄存器组成的集合为 $R^* = \varnothing$。初始化集合 G，使得 $\forall g_i \in G$，都有 $g_i = 1$。

第二步：遍历集合 R，设当前遍历的寄存器为 $r_i \in R$。若 r_i 没有前级寄存器，则将 r_i 加入集合 R^* 中。遍历完成后，设集合变量 $R' = \varnothing$。

第三步：遍历集合 R^*，设当前遍历寄存器为 $r_i \in R^*$。

第四步：遍历集合 R_i，设当前遍历寄存器为 $r_j \in R_i$。若 $g_j = 1$，当 $\forall c_i \in C$ 都有 $r_j \notin c_i$ 时，令 $g_j = g_0 + 1$，将 r_j 加入集合 R'，进入第五步；当 $\exists c_i \in C$，使得 $r_j \in c_i$ 时，$\forall r_k \in c_i$，都令 $g_k = g_0 + 1$，将 r_k 加入集合 R'，进入第五步。若 $g_j \neq 1$，直接进入第五步。

第五步：判断遍历集合 R_i 是否完成，若完成，进入第六步；否则，返回第四步。

第六步：判断是否遍历完集合 R^*，若遍历完，进入第七步；否则，返回第三步。

第七步：若 $R' = \varnothing$，输出集合 G，结束算法；否则，令 $R^* = R'$，$R' = \varnothing$，$g_0 = g_0 + 1$，返回第三步。

最终，通过建立有向图模型、对寄存器环路进行识别等操作，实现寄存器的分级。

6.3.2　漏洞传播

在漏洞传播中，本节将首先对寄存器进行分类；然后，基于寄存器分级和分类的结果，按照漏洞传播的分析对象，对漏洞传播进行分类；最后，提出一种漏洞传播的分析方法。

由寄存器分级可知，电路按照寄存器之间的数据流关系，将寄存器分成环路寄存器和非环路寄存器。经过分析，漏洞在环路寄存器之间和非环路寄存器之间具有不同的传播特性，具体阐述如下。

（1）环路寄存器的漏洞传播特性

在环路 $c = \{r_1, r_2, \cdots, r_n\}$ 中，若 r_1 存在漏洞，c 中以 r_1 为前级寄存器的其他寄存器集合为 R_1，则漏洞传播到 R_1 中的所有寄存器。若 $\exists r \in R_1$，r 出现可传播漏洞，则会继续进行传播。由环路特性可知，$\forall r_i \in c$，若数据从 r_i 沿环路方向传输，最终会传输到 r_i。因此，在特殊情况下，漏洞经过传播，可能会使得 r_i 出现新的可传播漏洞。此时，需要对该漏洞再次进行传播分析。

为了方便说明，举例对该情况进行分析。如图 6-20 所示，r_1、r_2 及 r_3 等 3 个寄存器构成了一个简化环路示意图,数据流向为 $r_1 \rightarrow r_2 \rightarrow r_3 \rightarrow r_1$。若 r_1 存在漏洞 t_1,并且经过传播,r_2、r_3 也分别出现漏洞 t_2、t_3。此时,r_3 的漏洞通过传播使得 r_1 出现新的可传播漏洞 t_4,对于 t_4 需要再次进行漏洞传播分析,直至 r_1 没有新的漏洞出现。

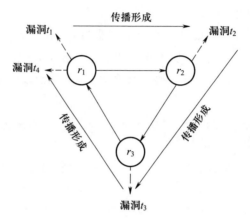

图 6-20　环路寄存器的漏洞传播特性示例

（2）非环路寄存器的漏洞传播特性

对于非环路寄存器,由于不具备环路的数据流传播特性,因此,和环路寄存器在漏洞传播特性上也存在差异。对于非环路寄存器 r,若存在漏洞 t,以 r 为前级寄存器的寄存器集合为 R,在对漏洞 t 进行传播分析时,只需要分析漏洞 t 在 R 中的所有寄存器的传播过程即可。此外,和环路寄存器不同的是,r 不会因为此次传播出现新的可传播漏洞。

由于环路寄存器与非环路寄存器的传播特性不同,按照传播方式划分,可将漏洞传播分为漏洞同级传播和漏洞分级传播,如图 6-21 所示。其中,漏洞同级传播的分析对象为环路寄存器,而漏洞分级传播的分析对象为非环路寄存器。

基于上述分析,下面对漏洞同级传播和漏洞分级传播分别展开讨论。

（1）漏洞同级传播分析方法

主要步骤如下:

第一步:构建标志位集合 $F = \{f_1, f_2, \cdots, f_n\}$,环内寄存器集合 $R = \{r_1, r_2, \cdots, r_n\}$,临时标志位变量集合 $F^* = \{f_1^*, f_2^*, \cdots, f_n^*\}$。其中,$\forall r_i \in R$,都有且仅有一个 $f_i \in F$,$f_i^* \in F^*$ 使得 f_i 和 f_i^* 为 r_i 的标志位。为了方便说明,假设 r_1 即为存在漏洞的寄存器。

第二步:初始化操作,$\forall f_i \in F$,若 $i \neq 1$,令 $f_i = 0$;否则,令 $f_i = 1$。$\forall f_i^* \in F^*$,

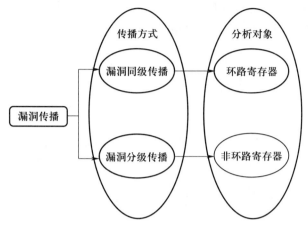

图 6-21　漏洞传播的分类

令 $f_i^* = 0$。

第三步：遍历集合 F，设当前遍历变量为 f_i。若 $f_i = 1$，进入第四步；否则，进入第五步。

第四步：以寄存器 r_i 为漏洞传播起点，设以 r_i 为前级寄存器的目标寄存器集合为 R_i。$\forall r_j \in R_i$，若经过漏洞传播，寄存器 r_i 出现可传播漏洞 t，令 $f_j^* = 1$，并记录漏洞 t。

第五步：若未遍历集合 F，返回第三步；否则，进入第六步。

第六步：若 $\forall f_i^* \in F^*$，都有 $f_i^* = 0$，则输出漏洞同级传播结果，算法结束；否则，令 $F = F^*$，$\forall f_i^* \in F^*$，令 $f_i^* = 0$，返回第三步。

（2）漏洞分级传播分析方法

具体步骤如下：

第一步：设寄存器集合 $R = \{r_1, r_2, \cdots, r_n\}$。由寄存器分级结果，根据寄存器级数大小将 R 中的寄存器排序，生成排序后的寄存器集合 $R^* = \{r_1^*, r_2^*, \cdots, r_n^*\}$。在 R^* 中，$\forall r_i^*, r_j^* \in R^*$，$i<j$，设寄存器 r_i^*、r_j^* 的级数分别为 g_i^*、g_j^*，则有 $g_i^* < g_j^*$ 成立。设变量 $g_0 = 1$，标志位变量 $flag = 0$。

第二步：遍历集合 R^*，设当前遍历寄存器为 r_i^*。

第三步：若 $g_i^* = g_0$，并且寄存器 r_i^* 存在可传播漏洞，进入第四步；否则，进入第五步。

第四步：设以 r_i^* 为前级寄存器的目标寄存器集合为 R_i，$\forall r_j \in R_i$，若经过漏洞传播，r_j 产生了新的可传播漏洞 t，则记录漏洞 t，并令变量 $flag = 1$。

第五步：若已遍历集合 R^*，输出漏洞分级传播结果，结束算法。否则，当

$flag=1$ 时,令 $g_0=g_0+1$,$flag=0$,返回第二步;当 $flag=0$ 时,说明无可传播漏洞产生,直接输出漏洞分级传播结果,结束算法。

6.4　验证实验与结果

下面将对本章介绍的 FSM 逻辑漏洞挖掘方法进行实验验证。为了说明本章方法的通用性,将采用一些常见的、使用广泛的设计作为测试案例,开展硬件漏洞挖掘实验。具体包括:8051 处理器的设计代码 oc8051.v,RISC-V 的设计代码 risc-v.v,基于 NoC 的路由选择功能模块的设计代码 noc.v,以及基于 RS-232 的收发功能模块的设计代码 rs232.v 等。同时设计了一种无漏洞的 base.v 实验用例,该实验用例属于安全设计,用作对照。需要说明的是,FPGA 中的 FSM 也是基于 HDL 代码编写的,因此本章介绍的逻辑漏洞挖掘方法也适用于 FPGA。

6.4.1　FSM 提取的实验结果

针对实验用例,使用了本章所介绍的方法进行 FSM 提取。表 6-1 是 HDL 代码中 FSM 结构识别的结果。作为对照,实验中也使用了 Synopsys 的综合工具 Design Compiler 对 HDL 代码中的 FSM 进行提取。在表 6-1 中,R 表示该 HDL 代码中的寄存器总数,FSM_{RE} 表示使用本章的 FSM 识别方法得到的 HDL 代码中 FSM 结构的总数,FSM_{DC} 表示使用 Design Compiler 工具得到的 HDL 代码中 FSM 结构的总数。

表 6-1　FSM 结构识别结果

HDL 代码	R	FSM_{RE}	FSM_{DC}
oc8051.v	737	728	1
risc-v.v	1226	992	1
noc.v	44	44	0
rs232.v	315	315	0
base.v	10	10	1

分析实验结果,可以得出以下结论。首先,经过比较发现,对于所有实验用例,Design Compiler 工具只能识别少量 HDL 代码中逻辑控制部分的 FSM,无法

保证所识别 FSM 的完整性,如 noc. v 和 rs232. v 的 FSM_{DC} 均为 0。而本章所介绍的 FSM 识别方法不仅能够识别 HDL 代码中逻辑控制部分的 FSM,还能识别其他的 FSM 结构,符合前文所述提取 HDL 代码中所有 FSM 结构的需求。

其次,本章所介绍的 FSM 识别方法的识别结果和该 HDL 代码中的寄存器数量并不相等,这是因为有些寄存器在逻辑设计中需要被赋值为常量,这些寄存器不参与状态转移,因此不会被识别;此外,有的寄存器所组成的结构与 FSM 结构不一致,例如寄存器的输出没有通过组合电路形成反馈。本章所介绍的 FSM 识别方法不会识别上述寄存器结构。

表 6-2 给出了从 HDL 代码中初步提取 FSM 的实验结果。实验首先对 FSM 结构进行等效变换,然后使用 ATPG 技术生成测试向量,最后对 ATPG 数据进行 FSM 数据处理,得到 FSM 的初步提取结果。FSM_{RE} 表示通过本章所介绍的 FSM 识别方法识别出的 FSM 数量,FSM_{EX} 表示使用 FSM 初步提取方法提取出的 FSM 数量,FSM 提取率为 $(FSM_{RE}/FSM_{EX}) \times 100\%$,表示 FSM 初步提取方法提取出的 FSM 占 FSM 识别总数的比例。

表 6-2　FSM 初步提取实验结果

HDL 代码	FSM_{RE}	FSM_{EX}	FSM 提取率/%
oc8051. v	728	728	100. 00
risc-v. v	992	992	100. 00
noc. v	44	44	100. 00
rs232. v	315	315	100. 00
am8051. v	728	728	100. 00
tr8051. v	729	729	100. 00
base. v	10	10	100. 00

通过将 FSM_{EX} 与 FSM_{RE} 对比,可以发现使用本章提出的 FSM 初步提取方法能够实现对 HDL 代码中的 FSM 结构实现 100% 提取。

虽然初步提取能够有效提取 FSM 结构,但由于 ATPG 工具本身存在的缺陷,该方法无法保证提取的 FSM 的完整性。表 6-3 统计了实验用例的 FSM 完整性检测结果。实验使用 FSM 完整性检测方法,输入 FSM 初步提取结果,首先检测已提取 FSM 的转移条件是否完整,并统计转移条件缺失的 FSM 数量,然后根据缺失的转移条件生成相应的补充序列,用于后续生成仿真文件。其中,FSM_{EX} 表示使用 FSM 初步提取方法提取出的 FSM 数量,FSM_{UN} 表示提取不完整的 FSM 数量, FSM 完整率表示使用 FSM 初步提取方法提取出的完整 FSM 占提取的所有 FSM 的比例。

表 6-3　FSM 完整性检测结果

HDL 代码	FSM_{EX}	FSM_{UN}	FSM 完整率/%
oc8051. v	728	60	91.76
risc-v. v	992	190	80.85
noc. v	44	8	81.82
rs232. v	315	23	92.70
am8051. v	728	60	91.76
tr8051. v	729	60	91.77
base. v	10	0	100.00

表 6-4 是 FSM 完全提取的实验结果。实验使用 FSM 缺失的转移条件生成仿真文件,通过仿真结果,得到当前状态、转移条件和下一状态的信息,补全了不完整的 FSM。FSM_{UN} 表示不完整的 FSM 个数, FSM_{CO} 表示补全的 FSM 个数, FSM 补全率为 $(FSM_{CO}/FSM_{UN}) \times 100\%$,表示补全的 FSM 个数在不完整 FSM 个数中所占的比例。

表 6-4　FSM 完全提取实验结果

HDL 代码	FSM_{UN}	FSM_{CO}	FSM 补全率/%
oc8051. v	60	60	100.00
risc-v. v	190	190	100.00
noc. v	8	8	100.00
rs232. v	23	23	100.00
am8051. v	60	60	100.00
tr8051. v	60	60	100.00
base. v	0	0	100.00

从实验结果可以看出,对于所有实验用例, FSM 补全率均达到了 100%(base. v 不存在提取不完全的 FSM,也算作 100%)。因此,基于仿真的 FSM 完全提取方法有效地解决了 FSM 初步提取的不完全提取问题。

综合上述实验结果与分析,证明了使用本章所介绍的 FSM 提取方法,能够从 HDL 源代码中提取出完整的 FSM,能够保证后续的漏洞挖掘工作和攻击路径生成工作正常进行。

6.4.2 FSM 逻辑漏洞挖掘实验结果

本节的实验采用前述 HDL 代码作为实验用例。实验首先对这些 HDL 代码进行基本漏洞类型的漏洞挖掘;然后使用漏洞传播分析方法,得到漏洞传播分析的实验结果。

在本实验中,将 oc8051.v 修改为 am8051.v,目的是为了给目标寄存器 oc8051_sfr1oc8051_tc21neg_trans_FF 的 FSM 添加一个二义性漏洞,从而使得该 FSM 不满足互斥性,以验证算法的有效性。同样,将 oc8051.v 修改为 tr8051.v,在原始代码中添加一个 FSM,然后将该 FSM 的目标寄存器设置为 oc8051_sfr1oc8051_tc21neg_trans_FF 的前级寄存器,并在该 FSM 中设计"死状态"漏洞,以验证"死状态"漏洞挖掘方法和传播分析方法的有效性。

表 6-5 为基本类型漏洞挖掘的实验结果。基于第 6.1 节 FSM 的提取方法所提取出的 FSM 结构,本实验首先对 FSM 结构进行二义性检测,然后进行特殊状态逻辑漏洞的挖掘,最后根据检测结果进行统计和分析。

在表 6-5 中,FSM_S 表示从该 HDL 源代码中提取出的 FSM 数量,FSM_{amb} 表示检测出存在二义性漏洞的 FSM 数量,FSM_{sp} 表示存在特殊状态漏洞的 FSM 数量。下面将对实验结果进行分析。

表 6-5 FSM 基本类型漏洞挖掘实验结果

HDL 代码	FSM_S	FSM_{amb}	FSM_{sp}
oc8051.v	728	0	1
risc-v.v	992	0	1
noc.v	44	0	0
rs232.v	315	0	0
am8051.v	728	1	1
tr8051.v	729	0	2
base.v	10	0	0

（1）二义性检测

从表 6-5 的实验结果可以看出，对于 am8051.v 以外的实验用例，二义性检测得到的结果都是 $FSM_{amb}=0$。这是因为实验用例 oc8051.v、risc-v.v、noc.v 和 rs232.v 都是目前使用较广泛的 HDL 代码，它们通常已经通过了大量的测试，基本不存在二义性的逻辑漏洞；而在 am8051.v 中，为了测试二义性检测方法的正确性和有效性，通过前述方式引入了一个二义性漏洞，因此实验结果中得到 $FSM_{amb}=1$。

（2）特殊状态逻辑漏洞挖掘

在表 6-5 中，oc8051.v 和 risc-v.v 的 FSM_{sp} 为 1，表示设计中有 1 个 FSM 存在特殊状态漏洞。经过特殊状态漏洞检测发现，在 oc8051.v 中，对于寄存器 oc8051_sfr1oc8051_uatr1rx_done_FF 对应的 FSM，当以状态 0 作为当前状态时，对于任意转移条件，下一状态都是其他状态，而非本状态。因此，状态 0 属于特殊状态中的"活状态"。在 risc-v.v 中，寄存器 ALU_instALU_sXXx_instSRA_Alu31_FF 对应的 FSM 中状态 0 的下一状态只能是本状态，属于特殊状态中的"死状态"。在 tr8051.v 中，由于是在 oc8051.v 的基础上引入了一个存在特殊状态漏洞的 FSM，因此，$FSM_{sp}=2$。

基于上述基本类型漏洞的检测结果，对 FSM 进行漏洞传播分析。首先，进行寄存器分级的相关实验，对电路进行寄存器环路识别；然后，根据识别结果，对电路的寄存器进行分级。

表 6-6 为寄存器环路识别的实验结果。其中 R 表示寄存器总数，C 表示识别的环路个数，R_c 代表环路寄存器的个数，R_c/R 表示环路寄存器在所有寄存器中所占的比例。

表 6-6　寄存器环路识别实验结果

HDL 代码	R	C	R_c	R_c/R
oc8051.v	737	2	538	73.00%
risc-v.v	1226	9	315	25.69%
noc.v	44	4	24	54.55%
rs232.v	315	6	56	17.78%
am8051.v	737	2	538	73.00%
tr8051.v	738	2	538	72.90%
base.v	10	3	7	70.00%

根据环路识别结果,在 oc8051.v 中,环路寄存器的数量较多,但环路较少,说明该设计中存在一个包含大量寄存器的反馈环路。am8051.v 和 tr8051.v 与 oc8051.v 情况相似。在 risc-v 中,共有 9 个环路,但 R_c/R 和 R_c 的值都较小,说明在 risc-v.v 中环路寄存器在各环路中分布更均匀。在 noc.v 中,$R_c/R = 54.55\%$ 表示该设计中有一半左右的寄存器属于环路寄存器。在 rs232.v 中,R_c/R 的值最小,表明该设计中较少使用数据反馈。

表 6-7 为寄存器分级的实验结果。其中 R 表示寄存器总数,C 表示识别的寄存器环路的数量,G_{max} 表示对寄存器分级后,寄存器的最大级数。根据表 6-6 和表 6-7,oc8051.v 中 $R-R_c = 199$,$G_{max}-C = 15$,所以在非环路的 15 个分级中,每个分级平均有 $(R-R_c)/(G_{max}-C) \approx 13$ 个寄存器。am8051.v 和 tr8051.v 与 oc8051.v 情况类似。在 risc-v.v 中,$R-R_c = 911$,$G_{max}-C = 36$,所以在非环路的 36 个分级中,平均每级有 $(R-R_c)/(G_{max}-C) \approx 25$ 个寄存器。同样地,在 rs232.v 的非环路中,平均每级约有 16 个寄存器,noc.v 则为 10 个寄存器。这说明,相较于其他设计,作为较复杂的处理器设计,risc-v.v 中每个寄存器所影响的其他寄存器数量更多,寄存器之间的数据流关系更为复杂,实现的功能也更为复杂。

表 6-7　寄存器分级实验结果

HDL 代码	R	C	G_{max}
oc8051.v	737	2	17
risc-v.v	1226	9	45
noc.v	44	4	6
rs232.v	315	6	22
am8051.v	737	2	17
tr8051.v	738	2	18
base.v	10	3	5

最后,根据寄存器分级的结果,进行了漏洞传播的实验。表 6-8 为漏洞传播实验的实验结果。该实验遍历所有寄存器,首先判断当前寄存器是否为环路寄存器,然后对环路寄存器进行漏洞同级传播分析,对非环路寄存器进行漏洞分级传播分析,最后得出结果。在表 6-8 中,T 表示挖掘出的 FSM 基本类型漏洞的数量,T_a 表示传播二义性漏洞的数量,T_b 表示传播特殊状态漏洞的数量。

表 6-8　漏洞传播实验结果

HDL 代码	T	T_a	T_b
oc8051.v	1	1	0
risc-v.v	1	8	0
noc.v	0	0	0
rs232.v	0	0	0
am8051.v	2	1	0
tr8051.v	2	2	1
base.v	0	0	0

　　结合 FSM 基本类型漏洞挖掘的实验结果可知,oc8051.v、risc-v.v、am8051.v 和 tr8051 中都存在特殊状态漏洞。因此,这些实验用例中都有 $T_a>0$,即特殊状态漏洞经传播后,一定会产生二义性传播,验证了前文提出的漏洞传播模型理论。在 tr8051.v 中,$T_a=2$,这是因为该设计中共存在两个特殊状态漏洞,且经传播后,分别造成 2 个二义性漏洞和 1 个特殊状态漏洞。在 oc8051.v 和 risc-v.v 中,$T_b=0$,即没有产生传播特殊状态漏洞,这是因为在漏洞传播模型中,传播特殊状态漏洞需要满足的条件较多,而上述实验用例没有完全满足这些要求。在 tr8051.v 中,存在一个传播特殊状态漏洞,因此 $T_b=1$,说明漏洞传播分析能够挖掘出传播特殊状态漏洞。在 noc.v、rs232.v 和 base.v 中不存在本研究提出的两种类型的 FSM 漏洞。

　　综上,本节分别对 FSM 基本类型逻辑漏洞的挖掘方法、寄存器分级方法和 FSM 漏洞传播分析方法进行了实验验证,证明通过这些方法能够有效地挖掘出 FSM 逻辑漏洞。

6.5　本章小结

　　本章围绕 FPGA 逻辑漏洞挖掘方法,结合第 2 章关于 FSM 逻辑漏洞的特点及传播模型,介绍了 FSM 的提取方法。随后,依据该提取方法进行了 FPGA 的 FSM 逻辑漏洞挖掘。

　　首先,阐述了一种从 HDL 代码提取 FSM 结构的方法。该方法可分为 FSM 结构识别、FSM 初步提取和 FSM 完全提取 3 个步骤。在 FSM 结构识别中,本章从词法分析、语法分析和语义分析等方面介绍了 FSM 结构识别过程。在 FSM 初步提取中,本章将其分为 FSM 结构等效变换、ATPG 生成 FSM 数据和 FSM 数据处理 3 个部分进行阐述。其后,检查 FSM 的完整性并完善 FSM 所有的状态跳转条件。

其次,本章介绍了 FSM 逻辑漏洞挖掘方法以及逻辑漏洞传播分析方法。根据第 2 章所述 FSM 基本逻辑漏洞类型和 FSM 逻辑漏洞传播模型,针对二义性漏洞和特殊状态逻辑漏洞,分别提出了 FSM 基本类型逻辑漏洞的挖掘方法和 FSM 逻辑漏洞传播分析方法。

最后,针对 FSM 结构识别、FSM 初步提取和 FSM 完全提取进行了实验,分析了实验结果,表明了本章提出的 FSM 提取方法能够有效提取 HDL 代码中的 FSM,并通过开展 HDL 代码中 FSM 的逻辑漏洞挖掘和传播分析,表明了上述方法能够有效地挖掘出 FSM 逻辑漏洞。

参考文献

[1] Gong Y,Qian F,Wang L. Probabilistic evaluation of hardware security vulnerabilities[J]. ACM Transactions on Design Automation of Electronic Systems (TODAES),2019,24(2): 1-20.

[2] Nahiyan A,Farahmandi F,Mishra P,et al.Security-aware FSM design flow for identifying and mitigating vulnerabilities to fault attacks[J]. IEEE Transactions on Computer-Aided Design of Integrated Circuits and Systems,2019,38(6):1003-1016.

[3] Narasimhan S,Chakraborty R S,Chakraborty S. Hardware IP protection during evaluation using embedded sequential Trojan[J]. IEEE Design & Test,2012,29(3):70-79.

[4] Salmani H,Tehranipoor M. Analyzing circuit vulnerability to hardware Trojan insertion at the behavioral level[C]. IEEE International Symposium on Defect and Fault Tolerance in VLSI and Nanotechnology Systems (DFT),New York,2013:190-195.

[5] Chetia J,Sierawski B D,Sternberg A L,et al. An efficient AVF estimation technique using circuit partitioning[C]. European Conference on Radiation and Its Effects on Components and Systems,Seville,2011:507-510.

[6] Sridharan,V,Kaeli,D R. Using hardware vulnerability factors to enhance AVF analysis[J]. ACM SIGARCH Computer Architecture News,2010,38(3):461-472.

[7] Wang T H,Edsall T. Practical FSM analysis for Verilog[C]. International Verilog HDL Conference and VHDL International Users Forum,Santa Clara,1998:52-58.

[8] Nahiyan A,Xiao K,Yang K,et al. AVFSM:a framework for identifying and mitigating vulnerabilities in FSMs[C]. Proceedings of the 53rd Annual Design Automation Conference, Austin,2016:1-6.

[9] Liu C N J,Jou J Y. An automatic controller extractor for HDL descriptions at the RTL[J]. IEEE Design & Test of Computers,2000,17(3):72-77

[10] 高振标. 层次化的 FPGA 硬件脆弱性分析方法研究[D].成都:电子科技大学,2018:38-48.

[11] Agrawal D,Baktir S,Karakoyunlu D,et al. Trojan detection using IC fingerprinting[C]. 2007 IEEE Symposium on Security and Privacy (SP'07),Oakland,2007:296-310.

[12] Hely D,Flottes M,Bancel F,et al. Scan design and secure chip[C]. Proceedings of the 10th IEEE International On-Line Testing Symposium,Funchal,2004:219-224.

[13] Francoab D T, Vasconcelosa M C, Naviner L,et al. Signal probability for reliability evaluation of logic circuits[J]. Microelectronics Reliability,2008,48(8):1586-1591.

[14] Tehranipoor M,Wang C. Introduction to Hardware Security and Trust[M]. New York: Springer,2011:147-148.

[15] Chetia J,Sierawski B D,Sternberg A L,et al. An efficient AVF estimation technique using circuit partitioning[C]. 12th European Conference on Radiation and Its Effects on Components and Systems (RADECS),Seville,2011:507-510.

[16] 龙云璐. 基于故障传播模型的 FPGA 硬件脆弱性分析方法[D].成都:电子科技大学,2018:7-9.

[17] 王树禾. 图论[M]. 2 版. 北京:科学出版社,2021:138-149.

第7章 FPGA 逻辑漏洞攻击路径生成

针对第 6 章提出的 FSM 特殊状态漏洞,已有的技术往往停留在故障检测[1-4]及硬件脆弱性分析[5-11]等层面。漏洞被挖掘出来后,设计人员往往希望能够在设计代码中进行相应的修改以弥补漏洞。为此,本章将介绍一种 FSM 漏洞攻击路径生成方法,可生成触发漏洞的有效输入信号,便于设计者和使用者更深刻地认识漏洞并弥补漏洞。

7.1 FSM 漏洞攻击路径概况

对于 FSM 逻辑漏洞攻击路径的生成,逻辑测试向量的生成十分重要。如图 7-1 所示,FPGA 逻辑测试向量通常按照应用类型划分或按照分析对象划分。当按照应用类型划分时,可以分为功能测试向量和故障测试向量;当按照分析对象划分时,可以分为组合逻辑测试向量和时序逻辑测试向量。

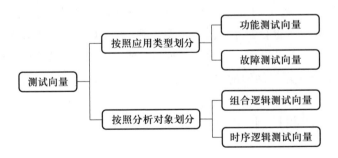

图 7-1   FPGA 逻辑测试向量分类

本节将结合第 6 章 FSM 逻辑漏洞的挖掘方法,介绍一种漏洞攻击路径的生成方法。该方法不仅能够完善 FPGA 逻辑漏洞挖掘体系,对于测试向量生成和漏洞攻击等研究领域也具有一定的参考意义。该方法的特点如下。

（1）以（时序，输入向量）的形式输出攻击路径。假设时序集合为 $T = \{t_1, t_2, \cdots, t_n\}$，输入向量集合为 $P = \{p_1, p_2, \cdots, p_n\}$，其中 $p_i = \{(k_{i1}, v_{i1}), (k_{i2}, v_{i2}), \cdots, (k_{im}, v_{im})\}$ 为变量取值键值对集合，k_{im} 表示输入变量，而 v_{im} 表示变量取值，键值对 (k_{im}, v_{im}) 表示 $k_{im} = v_{im}$。因此，在生成的 FSM 漏洞攻击路径中，路径可以用二元组来表示，即路径 $l = \{(t_1, p_1), (t_2, p_2), \cdots, (t_n, p_n)\}$，其中 $t_i \in T, p_i \in P$。$(t_i, p_i) \in l$，表示时序 t_i 需要输入变量 p_i。此外，$\forall (t_i, p_i), (t_j, p_j) \in l$，若有 $i > j$，则表示时序 t_i 在时序 t_j 之后。

（2）对于数据流经过的寄存器，能够输出该寄存器在某时序时间内对应的取值。

（3）攻击路径的时序计算起点为电路上电的时刻，而不是在电路运行过程中任意选取的时刻。一方面，电路运行一段时间后，各寄存器的情况会变得更加复杂，进而导致许多逻辑门的运行信息无法获取。这会使攻击路径生成的难度加大，且会生成冗长攻击路径。设计者将这种冗长攻击路径作为后续设计改进的依据时，往往无从下手且效率较低。另一方面，本方法生成攻击路径的目的是让设计者和使用者能够弥补或者防御漏洞，当以任意时间点作为攻击路径的时序起点时，设计者和使用者难以回溯攻击发生的时间起点，因而难以有效地触发 FSM 逻辑漏洞。

7.2   FSM 漏洞攻击路径生成

下面将介绍一种 FSM 漏洞的攻击路径生成过程。首先，借鉴传统回溯方法的思路，针对电路的寄存器建立回溯模型。然后，针对传统回溯方法通常会带来数据爆炸等问题，本节介绍一种改进的回溯策略。最后，使用改进的回溯策略进行回溯，生成 FSM 逻辑漏洞的攻击路径并输出。

7.2.1   建立回溯模型

回溯方法是一种传统的算法，该算法素有"通用算法"的美称。从算法思想上来说，回溯方法和枚举法十分相似，通过枚举回溯的路径，找到符合要求的解[12,13]。从方法实施的形式来看，回溯方法又和深度优先遍历等搜索算法类似，通过不断的尝试，在路径上前进与回退，最后找到问题的解。

回溯方法一般以树结构作为模型的基本数据结构进行建模。在传统回溯方法的树结构中,通常将回溯起点作为树的根节点。对于回溯过程中可能出现的情况,则用树的子节点来表示。树的叶节点既能用来表示回溯终点,即回溯问题的解,又能用来表示不满足回溯条件的情况,在回溯到不满足条件的节点时,需要进行回退。

　　文献[14]提出了一种超维树模型,该模型的研究场景和本章所述的 FSM 逻辑漏洞攻击路径生成的场景十分相似。依据传统回溯方法的树结构和超维树模型,本节将介绍一种适合于 FSM 逻辑漏洞攻击路径的回溯模型,其基本数据结构如图 7-2 所示。该数据结构与树结构相似,由节点和块组成。节点的子节点为块,块中存储了一个或多个节点;块的父节点不是块,而是节点。根节点是特殊的节点,表示回溯起点。

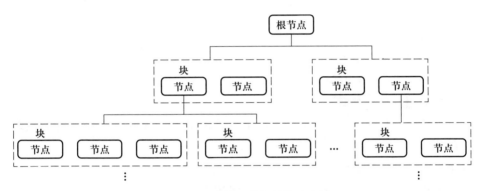

图 7-2　回溯模型数据结构示意图

　　如图 7-3 所示,在回溯模型中,节点信息包括结构信息和属性信息,结构信息即该节点的所属块和子节点信息。节点的属性信息主要包括 3 类:① 当前时序下,寄存器变量取值信息;② 当前时序下,输入变量取值信息;③ 当前时序信

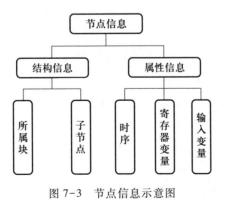

图 7-3　节点信息示意图

息。回溯模型中,块与节点是不同的。块只有结构信息,即块中包含的节点以及该块的父节点。

7.2.2　设计回溯策略

为了通过回溯生成 FSM 漏洞攻击路径,建立回溯模型后,需要针对模型设计回溯策略。回溯策略主要包括 3 方面的设计:剪枝策略设计、搜索策略设计和节点生成策略设计。本节将首先介绍剪枝策略的设计,从而对回溯路径进行筛选;然后介绍搜索策略的设计,以实现高效回溯;最后,介绍节点生成策略的设计,达到优化计算量的目的。

1. 剪枝策略设计

剪枝策略是回溯算法中经常使用的策略,主要用于避免无效的遍历和搜索过程。剪枝策略包括如何判断回溯的终点以及在回溯过程中如何筛选掉不需要回溯的节点等,具体描述如下。

(1) 回溯终点判断

回溯终点指的是在使用回溯方法生成攻击路径时,若某个节点满足回溯终点的判定标准,则回溯终止。然后,以该终点为起点,按照时序输出攻击路径。这里以电路启动时刻作为攻击路径的时序起点,有利于攻击路径的使用。对于数字逻辑电路来说,在电路启动时,使用者还未在输入端输入任何信号,元器件都处于刚上电的初始状态。

由以上条件,并且根据寄存器的属性,可以得到回溯终点判断规则。设当前节点属性集合中寄存器变量集合为 $R=\{r_1,r_2,\cdots,r_n\}$,寄存器 r_i 的上电状态为 v_i。在当前节点中,若 $\forall r_i \in R$,都有 $r_i=v_i$,则该节点为回溯终点,表示所有寄存器都处于上电状态,其中寄存器上电状态信息在提取 FSM 时可以获取。

(2) 节点筛选

节点筛选规则共包括三条,分别是相容规则、相似规则及起点唯一规则。

相容规则是筛选节点的重要规则。回溯模型中的节点是由父节点的属性信息结合 FSM 信息生成的。因此,节点属性信息中常出现变量取值矛盾的情况,如图 7-4 所示,在右侧的节点中,变量 a 取值矛盾。

相容规则设计如下:设当前节点的变量集合为 $V=\{v_1,v_2,\cdots,v_n\}$,若 $\forall v_i \in V$,v_i 出现次数大于 1,且取值不同,则当前节点不符合相容规则。

相似规则同样是筛选节点的重要规则。在回溯模型中,节点在回溯时,经常出现子节点的属性信息中变量集合是祖先节点的属性信息变量集合的子集。如

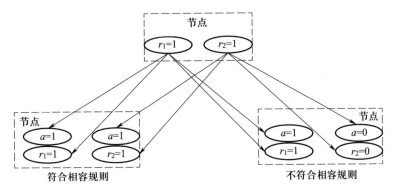

图 7-4 相容规则示例

图 7-5 所示,下方两个节点中变量 a 的取值和寄存器的状态均相同,且上方节点为下方节点的父节点,即出现重复生成相似节点的情况。通过这样的路径时回溯将一直循环,无法到达回溯终点。

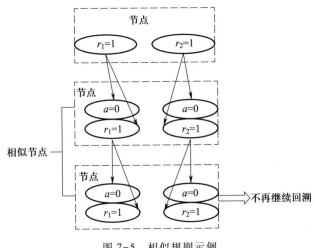

图 7-5 相似规则示例

因此,相似规则定义如下:设当前节点的(变量,取值)键值对集合为 $M = \{m_1, m_2, \cdots, m_n\}$,其中 $m_i = (k_i, v_i)$,表示变量 k_i 的取值为 v_i。设当前节点的祖先节点集合为 $P = \{p_1, p_2, \cdots, p_n\}$。若 $\forall p_j \in P$,p_j 节点的键值对集合为 M^*,使得 $M \subseteq M^*$,则称当前节点和 p_j 节点相似,不再继续回溯。

起点唯一规则是由回溯起点定义和回溯终点定义推导出来的一条规则。根节点中的寄存器存在易受攻击的逻辑漏洞,应当作为回溯的起点,而回溯终点则是电路启动时刻的寄存器初始状态。显然,在所有能够触发目标漏洞的攻击路径中,希望找到一条最短的攻击路径。因此,在回溯终点到回溯起点的路径上,不应该多次出现回溯起点中的漏洞。

因此,起点唯一规则如下:假设根节点中,FSM 漏洞对应的寄存器为 r,其取值为 v。若当前节点的属性信息中,存在寄存器 r,且 r 取值为 v,则表示当前节点不满足起点唯一规则,不需要继续回溯。

2. 搜索策略设计

回溯法是一种搜索算法,为了更高效地生成 FSM 漏洞的攻击路径,需要设计一种搜索策略,该搜索策略将深度优先遍历和广度优先遍历结合,尽可能减少回溯路径的长度和数量。在搜索策略中,两种遍历方式需要根据已回溯路径的长度进行切换。具体分析如下:根据寄存器分级的定义可知,若寄存器 r 分级为 g,则输入端的信号至少要经过 g 个时钟周期(若 r 为环路寄存器,则大于 g 个时钟周期),信号才能传递到寄存器 r。本章旨在获取最短攻击路径,由上述分析可知,攻击路径最短长度与寄存器分级 g 相等。

FSM 漏洞回溯过程涉及大量的节点创建和数据存储,而深度优先遍历的内存消耗较小,能够在一定程度上提升回溯效率。但是,当遍历深度较大时,遍历算法的效率就会显著降低。而通过寄存器分级,可有效避免深度未知时的盲目遍历。因此,在回溯路径长度小于 g 时,使用深度优先遍历;当回溯路径长度大于 g 时,路径中存在环路寄存器,且实际攻击路径长度未知,应该逐渐增加长度阈值,并遍历该阈值内所有路径,即此时使用广度优先遍历。

基于上述分析,路径搜索策略的流程如图 7-6 所示。首先获取寄存器分级 g,当回溯路径长度小于等于 g 时,使用深度优先遍历方式进行回溯;当所有长度为 g 的回溯路径都已判断完,然后使用广度优先遍历方式进行回溯;最后,根据回溯结果,输出生成的攻击路径。

3. 节点生成策略设计

为了优化回溯过程的计算量,提出了一种新的节点生成策略。与传统的节点生成方法相比,这里所介绍的新节点生成方法能够减少节点筛选时的计算量。节点生成依据的是 FSM 信息,所生成的是节点的属性信息。文献[14]中使用传统的节点生成方法,采用"先组合,再筛选"的方式,先生成所有可能存在的回溯节点,再删除不符合要求的节点,从而生成最终的回溯节点。以图 7-7 所示为例,图中为寄存器 r_1 和寄存器 r_2 根据其 FSM 得到的下一节点属性信息。其中,由 $r_1 = 1$ 得到 A、B 两种属性信息,由 $r_2 = 1$ 得到 C、D、E 三种属性信息。

在图 7-7 所示案例中,若使用传统方法生成子节点,必须先组合再筛选,筛选的计算次数是遍历所有组合情况,即 $C_2^1 \times C_3^1$,共 6 次。遍历完所有组合后才能

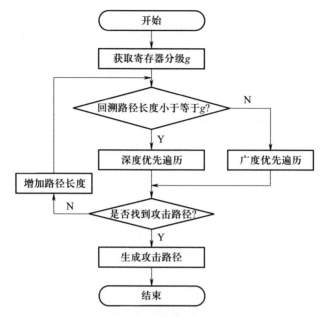

图 7-6 路径搜索策略流程图

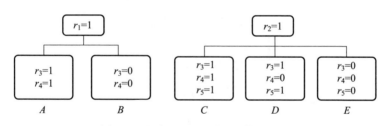

图 7-7 根据 FSM 得到属性信息示例

筛选出组合 AC 和 BE。显然,上述方法效率不高。下面将介绍一种采用"先筛选,再组合"的节点生成方法,来提高节点生成效率。具体步骤如下:

第一步:设当前节点的属性信息中寄存器变量取值集合为 $M = \{m_1, m_2, \cdots, m_n\}$,若 $\forall m_i \in M$,都有 $m_i = (k_i, v_i)$,表示 $r_i = v_i$,r_i 为寄存器变量。

第二步:遍历集合 M,设当前遍历元素为 m_i,以 v_i 作为 r_i 的下一状态,根据 r_i 的 FSM 获取当前状态和转移条件,构成变量取值集合设为 $C_i = \{c_{i1}, c_{i2}, \cdots, c_{in}\}$,$c_{ij}$ 为(变量,取值)键值对集合。

第三步:获取 $C_1, C_2, \cdots, C_n$ 的公共变量集合 $T = \{t_1, t_2, \cdots, t_n\}$,设 T 中变量的取值集合为 V^*。

第四步:遍历集合 V^*,设当前遍历元素为 v_i^*。将 $C_1, C_2, \cdots, C_n$ 的元素按照

取值组合 v_i^* 分组,设当前分组为 g_i^*。

第五步:对 g_i^* 中的元素进行组合,生成该组中的节点,该组即为块。

第六步:生成所有块和节点,结束节点生成。

在该节点生成方法中,如图 7-8 所示,只需按照 r_3、r_4 的取值,遍历 A、B、C、D、E,进行分类筛选,然后组合即可。因此,筛选计算次数为 2+3,即 5 次。

基于上述分析,这里所述的节点生成策略,与传统方法相比能够减少生成节点时的计算量。对于当前节点的两个寄存器变量 r_1 和 r_2 来说,若回溯得到的变量取值数分别为 n_1 和 n_2,在筛选节点时,传统方法需计算 $n_1 \times n_2$ 次,而本方法的计算次数为 $n_1 + n_2$ 次。

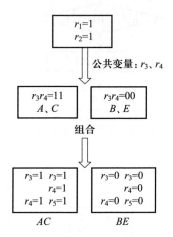

图 7-8 本章节点生成方法示例

7.2.3 攻击路径生成

基于回溯模型的建立和回溯策略的设计,本节设计了攻击路径生成的方法。该方法首先获得回溯终点,然后根据回溯终点得到一条从回溯终点到根节点的回溯路径,并输出路径上的节点信息,最终生成攻击路径。

在回溯策略中,本节设计了搜索策略和节点生成策略。为了获得回溯终点,这两种策略是结合使用的。搜索策略中的遍历与传统的遍历不同,传统遍历会先创建好所有路径,然后对这些路径进行搜索筛选。在本方法中,无论是深度优先策略还是广度优先策略,对象都是节点的生成,即先进行搜索筛选再生成节点。生成 FSM 逻辑漏洞攻击路径的具体步骤如图 7-9 所示。若要生成逻辑漏洞的攻击路径,需要先获取回溯终点。获取回溯终点的步骤如下:

第一步:输入根节点,生成全部的子节点,设为集合 P^*。设根节点的寄存器分级为 g。

第二步:若当前节点到根节点的路径长度不大于 g,$\forall p \in P^*$,优先生成 p 的所有子节点,设为集合 P,而不是遍历集合 P^*(深度优先)。若当前节点到根节点的路径长度大于 g,优先遍历集合 P^*,而不是生成新的子节点(广度优先)。

第三步:若未找到回溯终点,令 $P^* = P$,返回第二步。否则,输出回溯终点,结束算法。

获得回溯终点后,根据图 7-9 所示,首先通过该节点的结构信息找到所属的块,并输出节点中的输入变量信息(若使用者需要内部寄存器信息,则可输出该节点全部属性信息)。然后,根据块的结构信息,找到块的父节点。以此方式继续,直到找到根节点。

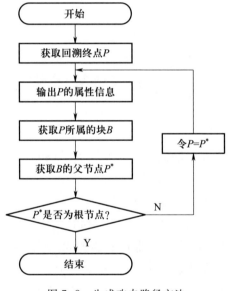

图 7-9 生成攻击路径方法

7.3 验证实验与结果

为了验证本章提出的 FSM 漏洞的攻击路径生成方法,针对第 6 章挖掘出的 FSM 漏洞,本节设计了攻击路径生成方法实验。该实验首先从 FSM 漏洞挖掘实验中获取存在特殊状态漏洞的寄存器及其取值等信息;然后使用传统回溯方法和本章介绍的攻击路径生成方法,分别对该漏洞进行回溯;最后,记录并比较两种方法的回溯结果,并输出生成的攻击路径。

表 7-1 给出了攻击路径生成实验的统计结果。其中,g 表示该设计中存在漏洞的寄存器的分级,T_n 和 T_t 分别表示使用本方法和传统回溯方法对目标漏洞生成攻击路径的数量,P_n 和 P_t 分别表示使用本方法和传统回溯方法生成攻击路径时产生的回溯节点数量,g 表示寄存器分级数。

表 7-1　攻击路径生成实验统计结果

HDL 代码	T_n	T_t	P_n	P_t	g
oc8051. v	1	0	127 169	3 126	5
risc-v. v	1	0	52 590	2 813	4
noc. v	0	0	0	0	0
rs232. v	0	0	0	0	0
am8051. v	0	0	0	0	0
tr8051. v	1	1	25	108	2
base. v	0	0	0	0	0

在表 7-1 中,由第 6 章漏洞挖掘结果可知,oc8051. v 中的寄存器 oc8051_sfr1oc8051_uatr1rx_done_FF 存在"活状态"0,而 risc-v. v 中的寄存器 ALU_instALU_sXXx_instSRA_Alu31_FF 存在"死状态"0,上述两个存在特殊状态漏洞的寄存器的分级分别为 5 和 4,即 $g=5$ 和 $g=4$。此外,在 tr8051. v 中,添加的寄存器为 addReg,以该寄存器为目标寄存器的 FSM 存在"死状态"0,且该寄存器分级为 1。通过漏洞传播使得以 oc8051_sfr1oc8051_tc21neg_trans_FF(以下简称 trans_FF)为目标寄存器的 FSM 出现传播特殊状态漏洞,trans_FF 的寄存器分级为 2,因此 $g=2$。

需要特别说明的是,所生成的攻击路径主要针对的是已经挖掘出的 FSM 特殊状态漏洞。因此,本实验选取了存在特殊状态漏洞的实验用例进行攻击路径生成实验,即 oc8051. v、risc-v. v 和 tr8051. v。对于其他不包含特殊状态漏洞的实验用例,可直接将攻击路径生成实验的结果设置为 0。

对比 T_n 和 T_t 可知,在 oc8051. v、risc-v. v 和 tr8051. v 等测试用例中,都有 T_n $=1$;只有在 tr8051. v 中,$T_t=1$。该结果说明,针对包含特殊状态漏洞的实验用例,本章介绍的方法均能生成目标漏洞的攻击路径,而使用传统回溯方法只能生成 tr8051.v 中漏洞的攻击路径。这是因为在使用传统回溯方法时,由于 oc8051.v 和 risc-v.v 的设计比较复杂,且回溯深度较大,回溯未完成就发生了数据爆炸;而使用本章介绍的回溯策略可在一定程度上缓解数据爆炸,因此,能够完成回溯并生成攻击路径。另外,对于 tr8051.v,由于回溯深度较小,且需要生成的回溯节点数量较少,因此使用传统回溯方法也能生成攻击路径。

7.4 本章小结

本章基于第 6 章 FSM 漏洞挖掘方法,生成了 FSM 漏洞的攻击路径,从而实现了对逻辑漏洞的深度挖掘。首先,本章基于回溯法建立了回溯模型,该模型赋予回溯节点属性信息和结构信息,并引入了块的概念,使得回溯模型的结构更加完整,并且有利于存取。然后,针对回溯模型本章设计了相应的回溯策略,包括剪枝策略、搜索策略和节点生成策略。其中,剪枝策略可以减少不必要的回溯,搜索策略可使回溯更加有序高效,而节点生成策略有效地减少了回溯过程中的计算量,能够缓解可能出现的数据爆炸情况。最后,本章介绍了根据回溯终点获得到达根节点的回溯路径的方法,最终成功生成攻击路径。

参考文献

[1] Cheng K T,Jou J Y. Functional test generation for finite state machines[C]. International Test Conference,Washington,1990:162-168.

[2] Cheng K T,Jou J Y. A single-state-transition fault model for sequential machines[C]. International Conference on Computer-Aided Design,Santa Clara,1990:226-229.

[3] Reddy K. A multicode single transition-time state assignment for asynchronous sequential machines[J]. IEEE Transactions on Computers,1978,C-27(10):927-934.

[4] Pomeranz I,Reddy S. On achieving a complete fault coverage for sequential machines using the transition fault model[C]. Proceedings of the 28th ACM/IEEE Design Automation Conference,San Francisco,1991:341-346.

[5] Tehranipoor M,Koushanfar F. A survey of hardware Trojan taxonomy and detection[J]. IEEE Design & Test of Computers,2010,27(1):10-25.

[6] Jha S,Jha S K. Randomization based probabilistic approach to detect Trojan circuits[C]. 2008 11th IEEE High Assurance Systems Engineering Symposium,Nanjing,2008:117-124.

[7]　Bloom G,Narahari B,Simha R. OS support for detecting Trojan circuit attacks[C]. International Workshop on Hardware-Oriented Security and Trust,San Francisco,2009:100-103.

[8]　Bhunia S,Hsiao M S,Banga M,et al. Hardware Trojan attacks:Threat analysis and countermeasures[J]. Proceedings of the IEEE,2014,102(8):1229-1247.

[9]　Hu W,Mao B,Oberg J,et al. Detecting hardware Trojans with gate-level information-flow tracking[J]. Computer,2016,49(8):44-52.

[10]　Wang X,Salmani H,Tehranipoor M,et al. Hardware Trojan detection and isolation using current integration and localized current analysis[C]. IEEE International Symposium on Defect & Fault Tolerance of VLSI Systems,Cambridge,2008:87-95.

[11]　Salmani H,Tehranipoor M,Plusquellic J. A novel technique for improving hardware Trojan detection and reducing Trojan activation time[J]. IEEE Transactions on Very Large Scale Integration Systems,2012,20(1):112-125.

[12]　Ahmed M S,Mohameda A,Khatib T,et al. Real time optimal schedule controllerfor home energy management system using new binary backtracking search algorithm[J]. Energy and Buildings,2017,138:215-227.

[13]　Modiri-Delshad M,Aghay K S H,Taslimi-Renani E,et al. Backtracking search algorithm for solving economic dispatch problems with valve-point effects and multiple fuel options[J]. Energy,2016,116:637-649.

[14]　高振标.层次化的 FPGA 硬件脆弱性分析方法研究[D].成都:电子科技大学,2018:38-48.